ベイジアンネットワーク技術

ユーザ・顧客のモデル化と不確実性推論

本村陽一　岩崎弘利

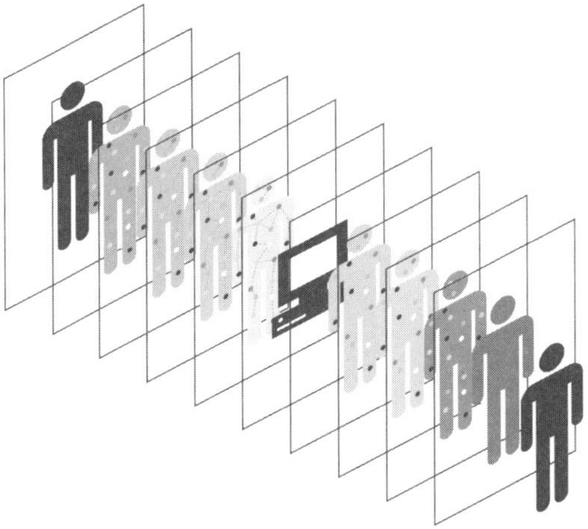

Bayesian Network

東京電機大学出版局

はじめに

　ベイジアンネットワークは，古くて新しい技術である．グラフ構造を持つ確率モデルという観点では1960年代から，さらにそのモデルの上での確率推論アルゴリズムとして研究され，Uncertainty in Artificial Intelligence という国際会議を中心とした研究コミュニティが登場したのも1980年代であり，確率・統計から人工知能技術に渡る広い分野で，古くから研究されてきたことに間違いはない．しかし，ベイジアンネットワークを用いた情報処理が実現性を帯びたのは，21世紀に入ってからになる．その主な理由は，ベイジアンネットワークの構築に十分なデータ量を簡単に利用し，さらに確率推論を実用的な速度で計算するためには，近年のコンピュータやデータベース，インターネットの発展を待たなければならなかったからである．

　筆者の一人である本村がベイジアンネットワークに出会ったのは，現在の産業技術総合研究所の前身である電子技術総合研究所において，リアルワールドコンピューティングプロジェクトに参加した1994年のことである．現実世界の情報をコンピュータ上で効率良く取り扱うために，人が人為的に与えたプログラムで動くのではなく，実際に客観的に得られた大量のデータに基づいてコンピュータが動作するためのメカニズムとして確率的な情報処理が有望であると考えていた所に，プロジェクトリーダーの大津展之（現産総研フェロー）から，Uncertainty in Artificial Intelligence のプロシーディングスを手渡された．それから研究を開始し，その2年後にはJavaでベイジアンネットワークのソフトウェアを作成しているが，本格的な情報処理として実応用に耐えられる利用技術を指向しはじ

めたのは，本書のもう一人の著者である岩崎氏との共同研究を開始した2003年になってからである．

こうした時代性もあって，日本ではベイジアンネットワークの教科書が長らく待たれていた．本書では，海外にあるような教科書の単なる日本語版ではなく，現在の情報処理技術のキーテクノロジーとしての位置付けを明らかにできるよう，利用技術が十分に熟成することを待つ期間が必要であった．その甲斐あって，今後も発展する情報ネットワーク技術を前提として，ベイジアンネットワークが我々の実際の社会においてどのように位置付けられることになるかを念頭におきつつ，ベイジアンネットワークの基礎的知識から，それをコンピュータで具体化するために必要な一般的な知識，さらにはそれら知識を利用するための具体的なケーススタディ（利用知識）について，読者の視点を意識しながら執筆することができたように思う．これにより，海外のベイジアンネットワークの教科書的書籍と比べても本書の位置付けは新しく，従来からベイジアンネットワークを研究，勉強していた人工知能などの研究分野にとどまらず，広く実際的な顧客データの分析やユーザ適応型の情報技術に関心を持つ読者にも興味を持っていただければ幸いである．

最後に，筆者がベイジアンネットワークの研究を開始するきっかけをいただいた大津産総研フェロー，人間のモデリング研究を開始するきっかけをいただいた金出武雄CMU教授/産総研デジタルヒューマン研究センター長，筆者のベイジアンネットワークに関する良き共同研究者である産総研主任研究員西田佳史，麻生英樹，原功の各氏，これまで国内でのベイジアンネットワーク研究の啓蒙のためのベイジアンネットセミナーをともに開催してきた東京工業大学佐藤泰介先生，大阪大学鈴木譲先生，我々のプロジェクトにご協力いただいた数理システム社，佐藤宏喜氏をはじめとするロジックデザイン社の方々に深く感謝する．また，自動車でのユーザ適応研究を支援していただいた（株）デンソーアイティーラボラトリの松井武社長，仙北屋浩二前社長，山内康孝取締役，ユーザ適応カーナビの共同研究者である水野伸洋，原孝介の両氏，また文書の校正をお手伝いいただいた土井浩史氏に深く感謝する．そして，我慢強く，執筆にいたるまでのコンセ

プト作りにも大いに協力していただいた本書編集者である菊地雅之氏に深く感謝する．

2006 年 6 月

著者しるす

目次

はじめに i

第1章 情報処理の新展開 1
1.1 人間中心の情報処理技術 1
1.2 大量のデータに駆動される情報処理技術 2
1.3 従来型の情報処理からデータ駆動型の情報処理へ 3
参考文献 8

第2章 ベイジアンネットワーク 9
2.1 ベイジアンネットワークのモデル 10
2.2 ベイジアンネットワークの確率推論 17
    2.2.1 確率伝搬法 17
    2.2.2 ジャンクションツリーアルゴリズム 21
    2.2.3 Loopy belief propagation（LoopyBP） 22
    2.2.4 サンプリング法 22
    2.2.5 確率推論アルゴリズムの計算時間 23
2.3 ベイジアンネットワークの統計的学習 24
    2.3.1 条件付確率の学習 24
    2.3.2 グラフ構造の学習 25
参考文献 27

第3章 ベイジアンネットワークの応用 　　　　　　　　　　28
3.1 障害診断・リスクモデル ………………………………… 28
3.2 ユーザモデル ……………………………………………… 31
3.2.1 パソコンユーザのモデル化 ……………………… 33
3.2.2 インターネットユーザのモデル化 ……………… 34
3.2.3 携帯電話ユーザのモデル化 ……………………… 37
3.2.4 組込システムロボットへの応用 ………………… 40
3.3 顧客のモデル化 …………………………………………… 41
3.3.1 顧客・消費者の行動理解 ………………………… 41
3.3.2 消費・選択行動のモデル化 ……………………… 44
参考文献 ………………………………………………………… 49

第4章 ベイジアンネットワークのソフトウェアとシステム 　50
4.1 ベイジアンネットワークのソフトウェア ……………… 50
4.1.1 BayoNet …………………………………………… 50
4.1.2 Hugin ……………………………………………… 54
4.1.3 MSBNx …………………………………………… 55
4.1.4 BayesNetToolbox ………………………………… 55
4.1.5 Belief Network Power Constructor ……………… 56
4.1.6 BayesWare Discover ……………………………… 57
4.1.7 ベイジアンネットワーク応用システム ………… 57
参考文献 ………………………………………………………… 61

第5章 人間行動のモデル化 　　　　　　　　　　　　　　　　62
5.1 人間の認知構造の確率的モデル化 ……………………… 67
5.2 ベイジアンネットワークによる認知的構造のモデリング手法 … 69
5.3 自動車の乗降動作のモデル ……………………………… 71
5.4 運転行動のモデル ………………………………………… 73

5.5	子供の事故予防への応用	75
5.6	状況依存性のモデル化	76
5.7	人間の生活行動のモデル化の展望	78
参考文献		80

第6章 ユーザ適応システムへの応用　　81

- 6.1 ユーザ中心の適応システムへ　　80
  - 6.1.1 「個客」中心の時代　　80
  - 6.1.2 ユーザ適応システム　　83
- 6.2 ユーザ適応システムにおけるユーザモデル　　85
  - 6.2.1 ユーザモデルとは？　　85
  - 6.2.2 評価構造　　87
  - 6.2.3 多属性意志決定　　89
- 6.3 ユーザのモデル化手法　　91
  - 6.3.1 ユーザ適応システムの実現に必要な条件　　91
  - 6.3.2 モデル化手法の比較　　93
- 6.4 ベイジアンネットワークによるユーザモデル構築　　98
  - 6.4.1 ユーザモデルの概略構造　　98
  - 6.4.2 モデル構築の基本的手法とその課題　　99
- 6.5 モデル構築手法　　100
  - 6.5.1 LK法　　100
  - 6.5.2 代表ノード探索　　104
  - 6.5.3 全体モデル組立　　108
- 6.6 ユーザ適応手法　　110
  - 6.6.1 概要　　110
  - 6.6.2 ユーザ適応学習　　111
  - 6.6.3 CPT追加学習法　　114
- 6.7 さらなる研究のために　　115

参考文献 …………………………………………………………………… 118

第7章　ユーザ適応カーナビの実現　121

7.1　現状のカーナビ …………………………………………………… 121
7.1.1　カーナビの現状とその課題 ……………………………… 121
7.1.2　簡単な操作で個々のユーザへ対応する方法 …………… 124

7.2　ユーザ適応カーナビ ……………………………………………… 126
7.2.1　ユーザ適応カーナビとは ………………………………… 126
7.2.2　将来のドライブシーン …………………………………… 127

7.3　ベイジアンネットワークによるユーザ適応カーナビの実現 …… 129
7.3.1　要件と対処方法 …………………………………………… 129
7.3.2　目標 ………………………………………………………… 131

7.4　ユーザ適応カーナビのユーザモデルの構築 …………………… 131
7.4.1　構築するモデル …………………………………………… 131
7.4.2　要求定義 …………………………………………………… 132
7.4.3　モデル概要設計 …………………………………………… 133
7.4.4　知識データ準備と学習データ準備 ……………………… 135
7.4.5　代表ノード探索，全体モデル組立 ……………………… 137
7.4.6　構築したモデル …………………………………………… 139

7.5　ユーザモデルの評価 ……………………………………………… 140
7.5.1　評価の概要 ………………………………………………… 140
7.5.2　コンテンツ推薦の実現性の評価方法とその基準 ……… 141
7.5.3　レストラン推薦の実現性を確認 ………………………… 144
7.5.4　構築手法の評価方法とその基準 ………………………… 146
7.5.5　知識データの活用は有効 ………………………………… 147

7.6　ユーザ適応カーナビのユーザモデルのユーザ適応 …………… 148
7.6.1　ユーザ適応の概要 ………………………………………… 148
7.6.2　ユーザ適応学習方法 ……………………………………… 150

7.7 ユーザ適応学習の評価 ……………………………………………… 151
　7.7.1 評価の概要……………………………………………………… 151
　7.7.2 ユーザ適応の実現性の評価方法とその基準………………… 152
　7.7.3 ユーザ適応学習により予測精度向上………………………… 152
　7.7.4 ユーザ層に対する予測精度の分析…………………………… 153
7.8 ユーザ適応カーナビの実現とその発展へ向けて ………………… 156
参考文献………………………………………………………………………… 159

あとがき ……………………………………………………………………… 160
索引 …………………………………………………………………………… 163

第1章

情報処理の新展開

1.1　人間中心の情報処理技術

　コンピュータ，ソフトウェア，インターネット技術などの情報技術は目覚ましく発達し，我々の社会は非常に大きな変化を迎えている．ハードウェアは小型化され，携帯電話などの個人端末を使った情報サービスや，各種のセンサやインタフェースデバイスが簡単に利用できるようになり，いわゆるユビキタス情報処理の普及も進みつつある．古くは，コンピュータといえばオフィスや工場といったところで，どちらかと言えば定型的な処理を行っていたものが，これからは個人に密着した形で，多様な環境で多様なユーザに，より多様なサービスの提供を行う必要性が高くなってきているといえる．

　ところが，人間の社会活動や日常行動は，必ずしも従来型の計算機にとって都合よく計算できるものばかりではない．銀行などの金融機関に集まるデータから残高や利息の計算を行ったり，預金の管理を行うような情報処理は，従来型のコンピュータが得意とするものであるが，世の中にあるたくさんの情報の中から，ある特定の一人のユーザに最も役に立つ商品や情報を選ぶというような計算は，実はとても難しい．「コンピュータやロボットを使って人間のように振る舞う仕組みを実現したい」という意味での人工知能は，多くの研究者の長年の夢であるが，そこに大きく立ちはだかる壁が，「人間にとって当然の常識を扱うことが，コンピュータにとっては非常に難しい」という問題である．このことにより，例えば試験の解答形式を自由記述式ではなく選択式のマークシートにするというように，コンピュータにとって扱いやすい仕組みに人間の方から合わせざるを得ない

という弊害が，コンピュータの普及とともに続いている．こうした傾向を反省し，情報処理の仕組みを人間の常識に近づけようとする考え方が，「人間中心の情報処理」と呼ばれるものである．これまでのところ，様々な取り組みがされているが，要素技術面では人間を観測するセンサやデータからの情報抽出技術などに進展が見られるものの，情報処理自体を人間を中心に考えるためには，コンピュータが扱う「データ」と，人間がそれを解釈する「意味」を結び付ける，いわゆるシンボルグラウンディングの問題がなお大きな課題となっている．一方，実社会においては，従来型のコンピュータが手軽になり，インターネットで相互に接続されるようになったことで，人間生活のデータは，コンピュータにとって徐々に取り扱いやすいものになってきている．サービスの利用や買い物や，音楽や番組の視聴などを，コンピュータとインターネット，ICタグなどのセンサを介して行うことが一般化したことによって，人間のごく普通の生活行動のかなりの部分が電子化されたデータとして，コンピュータにとって取り扱いやすい形式で大量に蓄積されてきている．そして，情報処理技術という面でも，インターネット情報検索サービスのGoogleにおけるPageRankや，書籍通販サイトのamazon.comの協調フィルタリングに見られるように，大量のデータによって駆動される情報処理技術が台頭してきている［1.1］．

1.2 大量のデータに駆動される情報処理技術

　Googleは，いまやソフトウェアの巨人であるMicrosoftを脅かす存在になってきていると言われる．その意味は，情報処理技術を革新して先進技術を実社会に普及する大きな影響力が，これまでのオペレーティングシステム（OS）とアプリケーションソフトの開発者であった企業から，インターネット情報検索サービスの提供者である企業へと，移り変わるのではないかということである．

　実は，このような主導権の移動は過去にも起きている．技術革新の主体がIBMなどのハードウェア企業の手から，ソフトウェア企業であるMicrosoftの手に移ったときがそうである．そしてその主導権は，今度はソフトウェアからまた別の

ところに向かっている．今後は，「コンテンツ」や「サービス」，あるいはそれらを扱う仕組みが技術の中心になるだろうと言われている．現在急成長を遂げている企業は，まさに検索サービスやポータルサイト，インターネットコンテンツの先進技術によってその地位を確立している企業である．ハードウェアはもちろん，ソフトウェアでさえもある程度の能力があって当たり前になり，いかに優れたサービスやコンテンツを提供できるか，ということが問われるようになっていると考えることができる．

こうした状況において今後必要となる技術を，ここでは「データ駆動型情報処理」と呼ぼう．これは，これまでのハードウェアやソフトウェアのメカニズムよりも，サービスやコンテンツという（メカニズムに対する）データによって意味を持つような情報処理技術という意味である．書籍のインターネット通販サイトであるAmazon.comに見られる，その人にとってのお薦め商品を自動的に選ぶリコメンデーション機能（協調フィルタリング）や，Googleで用いられている重要なページを上位にランクづけるPageRankなどは，まさにデータに駆動される情報処理の成功事例である．

1.3 従来型の情報処理からデータ駆動型情報処理へ

先に述べたように，実社会での情報システムの利用形態が大きく変化している一方で，従来型の情報処理技術だけでは対応できない問題が顕在化してきている．実は，これまでの情報技術の発展は，どちらかと言えば計算速度の高速化や取り扱うことのできるデータの大容量化など，量的な変化を主にしていたと言ってもよいだろう．記述方式としてのプログラム言語は高度に洗練されてきたが，その計算方式としてのプログラムそのもののありかたや性質は，それほど大きく質的に変化してきたとは言えない．従来の定型的な情報処理の枠組みは，「プログラマがシステムの動作手順を事前に想定して完全に記述する」というものである．したがって，多様なユーザや予想外の状況に対応するためには，そのすべての可能性をシステム設計時に想定しなければならないため，開発時の負担が非常に大

きくなるという問題が本質的に存在する．しかし，設計者が利用者の状況や行為を完全に把握し，対処方法をシステムのプランとして事前に組み込んでおくことは，場面や状況が限られているうちはよいが，その多様性が増大していくと，やがて破綻を迎える．つまり，システムの動作をプランとして記述するアプローチでは，おのずと限界を迎えてしまう [1.2]．利用時に発生する様々な種類の不確実性には，決定的な枠組みではうまく対処できないのである．

具体的に考えてみよう．本来，ユーザの意図を完全にシステムが理解することは難しい（もちろん人間同士においても，相手の意図を完全に正しく理解することはそもそも難しいものではある）．そこで，入力ボタンなどにユーザの意図や考え方を割り当てることで，人間は自分の要求が何であるかを，そのボタンを操作することによりシステムに入力する．システムはこのように決定された動作を，設計時に決められた通りに実行するだけでよい．こうした仕組みは，システムの機能の種類が少なく，人間が正しく自分の要求にあったボタンを選べるのであれば問題はない．しかし，インターネット空間からの情報検索や，何万曲もの中からの音楽の選曲，手に入るすべての DVD からのお薦め映画の探索などといった場合は，あらゆるタイプの人に対するあらゆる状況下（いつ，どこで，誰と，など）について，適切な動作ルールを事前に割り当ててプログラムすることは，いかにプログラミング言語が洗練されたとしてもなかなか容易なものではない．

つまり問題は，決定論的なシステムでは完全に記述することが困難な（設計時における）「不確実性」であるといえよう．また，センサ技術が発達したとしても，観測できなかったり，観測できたとしてもデータに誤りが含まれる可能性があるという種類の不確実性もある．人の心理的な状態や，人間にとっては認識できるがシステムにとっては認識することが困難な状況に関する不確実性も重要である．

しかし，システムが多様なユーザや多様な状況に柔軟に適応し，はじめは多少ぎこちなくても，使っているうちに進化・学習することができれば，こうした不確実性にも対処できると期待できるのではないだろうか．実は，こうした研究は機械学習（Machine learning）と呼ばれ，この分野の中ではニューラルネット

や遺伝的アルゴリズム（GA）など様々な手法がこれまでに開発されてきたという歴史がある．パターンや信号を分類する問題や，状況に基づいてシステムの挙動速度などを最適に制御するような問題については，事前に用意した訓練データを与えてシステムに学習させたり，評価関数を与えてこれを最適化する解を探索するなどの方法によって，一定の成果を上げている．今後の情報処理技術の発展の方向性を考えれば，より高度で幅広い問題についてもシステムが自律的に学習し，様々な不確実性の問題を乗り越えられるようにすることが重要であると考えられる．

　ユーザが情報機器を常時持ち歩き，さらにその情報機器が無線やRFIDなどによってネットワークへつながり，データを共有できるという状況を考えれば，その人にとってより良い情報サービスとは何であるのかを，それらの情報機器の利用状況から推定できるかもしれない．例えば，ユーザの年齢，職業などの基本属性，嗜好性，これまでの買物や質問にあるような行動履歴などのデータが集積されている．そのデータの蓄積からある顧客層に人気のある情報や商品，あるいはある対象に興味を持つ顧客層を見つけ出し，こうした情報を積極的に使った情報サービスを行うことも考えられる．

　入ってくる情報に十分なボリュームがあれば，そこからユーザの好みや提供サービスに関する性質を知識として取り出してモデル化し，そのモデルに基づいてユーザにとって最適なサービスを提供することが可能になる．さらに，そのサービスを提供した結果のユーザの評価をさらにデータとして取り込み，モデルを改良し続けることもできる．

　最初のモデルが十分でなくても，不確実性に対処できるシステムであれば，とりあえず何らかの動作は可能である．新しい情報からモデルを改良し続けることができれば，初期の性能が不十分でも，やがて十分な性能レベルに到達するので，さらに新しいデータを導入することで，流行などによる状況自体の変化に対しても追従していくことができる．情報サービスに対するユーザのリアクションをシステムがモデルとして取り込んでいくという点では，人間の要求に対するある種のセンサのような役割を果たすことになる．

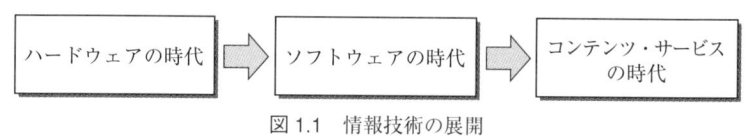

図 1.1　情報技術の展開

　このように，知的情報処理システムが実際の問題領域において，観測データから自律的に学習を行い，不確実な情報からでも確率論的な推論や予測を行うという仕組みは，非常に大きな可能性を持っている．例えば，複雑なシステムにおいて障害が発生した際の状況をすべてデータベースに記録しておき，後で何か障害が発生したときに，原因となる可能性の高い要因を自動的に推定することも考えられる．

　こうした技術を実用的なものにしていくために，データに基づいてモデルを構築する確率論的な統計的学習理論や，不確実性のもとでの確率推論の研究が重要になる．特に，意思決定理論に基づいてシステムを制御したり有用な知識を表現するには，比較的複雑な構造を持った確率モデルが必要になる．このような確率モデルの一つに，変数間の依存関係や因果関係を有向グラフで表すベイジアンネットワークがあり，近年，情報処理技術としての実用化も進んでいる [1.3, 1.4, 1.5]．

　以降では，まず第 2 章においてベイジアンネットワークの基礎的事項を解説する．第 3 章では事例に基づくベイジアンネットワークの応用例，第 4 章で実際にベイジアンネットワークを計算機上で構築してアルゴリズムを実行するシステムを取り上げた．第 5 章では人間の行動のモデル化について解説し，第 6 章ではその応用例としてのユーザ適応システム，第 7 章ではユーザと協調して動作するカーナビゲーションシステムへの具体的な実現例を通じて，多様な状況や多様なユーザに対応して，個々に最適な情報サービスを実行するための情報処理を実現するための技術的枠組みについて述べる．

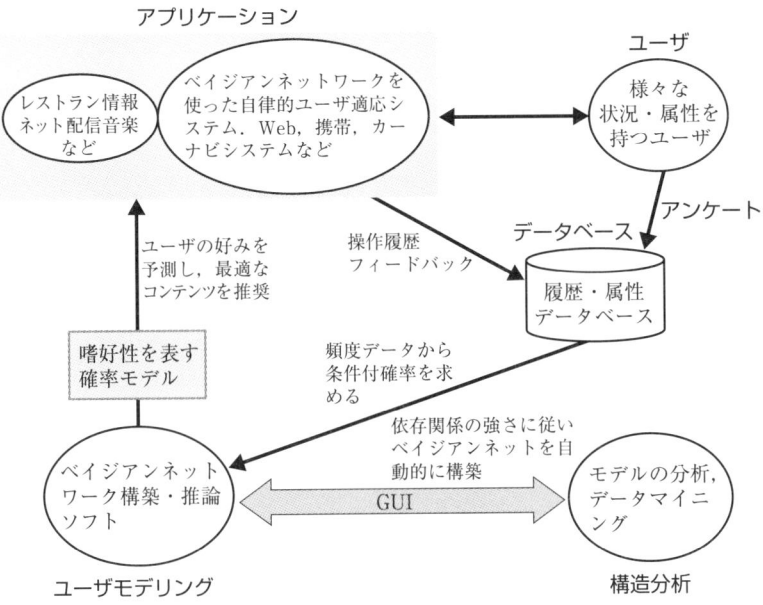

図1.2 ベイジアンネットワークによるデータ駆動型情報処理

参考文献

[1.1]　藤本和則，本村陽一，松下光範，庄司裕子『意思決定支援とネットビジネス』オーム社，2005

[1.2]　ルーシー・A・サッチマン『プランと状況的行為』産業図書，1999

[1.3]　J. Pearl, "Probabilistic inference and expert systems", Morgan Kaufmann, 1988

[1.4]　S. Russell, P. Norvig, "Artificial Intelligence：A model approach", Prentice Hall, 1995（古川康一郎監訳『エージェントアプローチ人工知能』共立出版，1997）

[1.5]　渡辺澄夫，萩原克幸，赤穂昭太郎，本村陽一，福永健次，岡田直人，青柳美輝『学習システムの理論と実現』第4章ベイジアンネットワーク，森北出版，2005

第2章
ベイジアンネットワーク

　ベイジアンネットワークは，不確実性を含む事象の予測や合理的な意志決定，障害診断などに利用することのできる確率モデルの一種である．ある確率分布を表現し，その確率分布によって計算対象を近似（モデル化）し，様々な条件により変化する確率分布を計算し，予測や最適な意思決定を行う．この確率分布の計算は，確率推論と呼ばれる．確率モデルの研究は幅広い分野で行われており，人工知能の分野では，ベイジアンネットワークと確率推論アルゴリズムの研究として長い歴史がある．ベイジアンネットワークの特徴は，因果的な構造をネットワークとして表し，その上で確率推論を行うことで不確実な事象の起こりやすさやその可能性を予測するものである．また，モデルを対象とする問題に合わせて自動的に構築する方法も研究されている．大量のデータがすでに得られているのであれば，これを最も良く説明できるようにベイジアンネットワークを構築することは，「統計的学習」と呼ばれる一連の方法で説明できる．ベイジアンネットワークの研究は1980年代から脈々と進められてきているのであるが，21世紀に入り，インターネットの普及などによって大容量のデータの扱いが容易になったこと，及び最近になって確率推論アルゴリズムの進歩と計算機速度が向上したことなどにより，ベイジアンネットワークと確率推論の応用が工学技術としても現実味を帯びてきた．また，ユーザの意図を汲み取る知的システム，実環境の中で自律的に移動するシステム，リスクマネジメント，過去の履歴データベースから将来を予測する経営情報システムなどのように，不確実性を含む様々な問題への情報技術の応用への期待も高まってきている．

　本章では，こうしたベイジアンネットワークのモデル，確率推論アルゴリズム，

統計的学習やモデル構築の手法などを解説する．

2.1 ベイジアンネットワークのモデル

ベイジアンネットワーク[†]とは，複数の確率変数の間の定性的な依存関係をグラフ構造によって表し，個々の変数の間の定量的な関係を条件付確率で表した確率モデルである．

はじめに変数間の依存関係，確率について整理しておく．「変数 X が x という値を取るならば，変数 Y は y となる」という関係が成立するならば，Y のとる値は X の値から独立ではない．つまり，Y は X の値に依存していて，共変関係があるといえる．例えば，コピー機の内部の不具合が「ある」か「ない」かという事象（Y）や，センサの値（X）を変数と考える．センサの値（X）が正常値を越えていることが不具合を示すのであれば，これは次のように表せる．

if センサーの値 ＞ 正常値　then 不具合 ＝「ある」

複雑なシステムであれば，複数のセンサや様々な種類の不具合が存在し，それらの間の依存関係は複雑になる．そのため，

if センサ 1 ＝ x_1, …, センサ i ＝ x_i
then 不具合 1 ＝「ある」, …, 不具合 j ＝「ある」

のように，すべての関係を明示的に列挙することはあまり現実的ではない．また，たとえこのような IF-THEN ルールを膨大に挙げたとしても，実際には例外などがあり，必ずしも完全に状況を記述することは難しいだろう．

そこで厳密な表現をあきらめ，主要な変数のみに注目し，ルールが成立する確信の度合いを定量的に表すために，センサ $i = x_i$ であるとき，不具合 $j =$「ある」となる確率は，

[†] ベイジアンネットワーク：Bayesian network，Bayesnet，belief network などとも表記される．

2.1 ベイジアンネットワークのモデル

表 2.1　条件付確率表の例

P(不具合＝ない｜センサ値＝低い)	P(不具合＝ない｜センサ値＝高い)
P(不具合＝ある｜センサ値＝低い)	P(不具合＝ある｜センサ値＝高い)

$$P(不具合 j = 「ある」 | センサ i = x_i)$$

という確率的な表現を導入する．センサの値によって，不具合 j が発生する確率は異なるかもしれない．その場合には，この確率は条件付確率分布 P(不具合 j ＝「ある」｜センサ $i = x_i$) によって表される．これは，x_i の値に応じて不具合 j が発生する確率が影響を受け，その定量的な関係が条件付確率分布 P(不具合 j ｜ x_i) として定められることを示している．「不具合 j」が「ある」か「ない」の 2 状態であれば，「不具合 j」を離散的な確率変数として考え，この「ある」「ない」は実現値や状態と呼ばれる．また，2 状態であれば，P(不具合 j ＝「ない」) ＝ 1 － P(不具合 j ＝「ある」) である．x_i の値を離散化，つまり範囲ごとに場合分けして，例えば「高い：$x_i \geq \theta$」，「低い：$x_i < \theta$」のようにすると，条件付確率は 2×2 ＝ 4 通りの値を列挙することで，表 2.1 のような条件付確率表として表せる．

これは 2 状態を確率変数とした場合であるが，当然，「不具合 j」を「深刻」，「軽微」，「ない」のように表現したり，x_i の範囲をもっと細かく分けるなど，任意の状態数を考えることもできる．状態数に応じて条件付確率表のサイズは大きくなる．

まったく同様の枠組みで，例えば「会議に関係するメールが来る」というような事象を扱うこともできる．「次の会議が行われる曜日」（月曜から日曜日）のようなものを確率変数とすれば，これは 7 通りの状態をとり，その各状態ごとの確率値を持つ．どの曜日に会議があるかまったくわからず，どの状態も確率値がすべて等しいならば，その値は 1/7 であり，確率分布は一様分布である．しかし，日曜日には会議がないことがわかっていれば，それは一様分布ではないだろう．

「前回の会議の曜日」という変数があり，その状態が「月曜日」と確定できる場合にはその「月曜日」という状態の確率値は 1，それ以外の状態の確率値は 0

となる.このように,確率変数の状態(値)を確定したものは証拠状態やエビデンスと呼ばれる.

ベイジアンネットワークは,先のような確率変数をノードとして,その依存関係にしたがって結合したネットワークである.変数間の依存関係は,条件付確率を定義したとき,条件部の確率変数から結果となる変数への向きを持つ有向リンクで表現する.例えば,確率変数 X_i, X_j の間の条件付依存性を $X_i \rightarrow X_j$ と表し,リンクの先に来るノード(この場合は X_j)を子ノード,リンクの元にあるノード(この場合は X_i)を親ノードと呼ぶ.親ノードが複数あるとき,子ノード X_j の親ノードの集合を $P_a(X_j)$ と書くことにする.X_j と $P_a(X_j)$ の間の依存関係は,次の条件付確率によって定量的に表される.

$$P(X_j | P_a(X_j))$$

さらに,n 個の確率変数 $X_1, \cdots, X_n$ のそれぞれを子ノードとして同様に考えると,すべての確率変数の同時確率分布は,次式のように表せる.

$$P(X_1, \cdots, X_n) = P(X_1 | P_a(X_1)) \cdot P(X_2 | P_a(X_2)) \cdots P(X_n | P_a(X_n))$$

各子ノードとその親ノードの間にリンクを張って構成したベイジアンネットワーク(図 2.1)によって,これらの変数の間の確率的な依存関係がモデル化でき

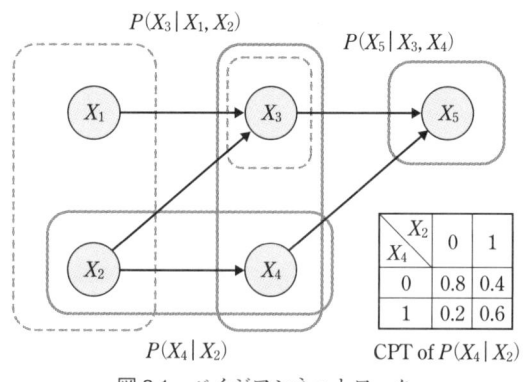

図 2.1 ベイジアンネットワーク

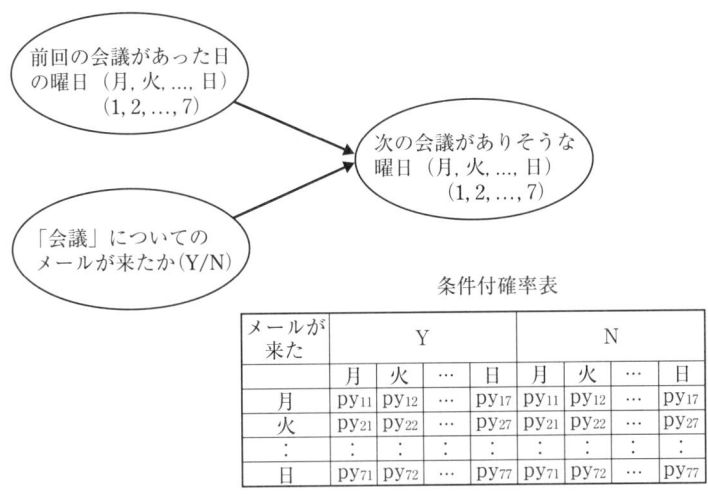

図 2.2 会議の曜日を予測する例

る．すべての変数の確率分布は，先の同時確率分布を計算することによって得られる．

例えば，先の「前回の会議の曜日」と「会議に関係するメールが来る」という二つの事象と「次の会議のある曜日」という事象を確率変数として，それらの間に依存関係があるならば，この三つのノードを使ったベイジアンネットワークにより，確率的な関係がモデル化できる．その上で，「次の会議がある確率の高い日」などの予測ができるというわけである（図 2.2）．

プログラムとして計算機上で表現する際の計算効率などを考えると，確率変数は離散変数としておく方が都合がよい．すると，先に述べたように，子ノードと親ノードがとるすべての状態のそれぞれにおける確率値を定めた表（条件付確率表：CPT）を使うことで，条件付確率は完全に表現できる．これは，親ノードの変数の組がある状態値 $P_a(X_j)=x$ をとるとき，子ノードが n 通りの離散状態 $(y_1,\cdots,y_n)$ のどの値をとるかという確率を考えると，一般的に変数 X_j の親変数群の値 x に対する条件付確率分布は，$p(X_j=y_1|x),\cdots,p(X_j=y_n|x)$ となる．これを各行として，親ノードがとりうるすべての状態 $P_a(X_j)=x_1,\cdots,x_m$ のそれぞれに

表 2.2　条件付確率表（CPT：Conditional probability table）

$p(y_1|P_a(X_j)=x_1)$	...	$p(y_1|P_a(X_j)=x_m)$
⋮	...	⋮
$p(y_n|P_a(X_j)=x_1)$	...	$p(y_n|P_a(X_j)=x_m)$

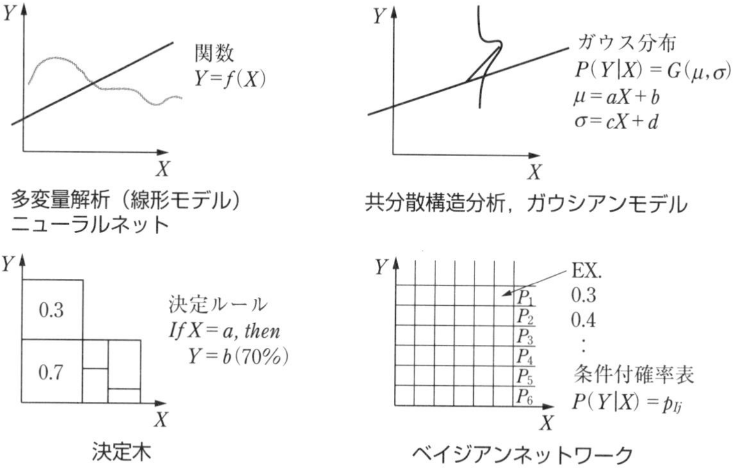

多変量解析（線形モデル）
ニューラルネット
関数 $Y=f(X)$

共分散構造分析，ガウシアンモデル
ガウス分布
$P(Y|X)=G(\mu,\sigma)$
$\mu=aX+b$
$\sigma=cX+d$

決定木
決定ルール
If $X=a$, then $Y=b(70\%)$

ベイジアンネットワーク
EX. P_1 0.3
P_2 0.4
P_3
P_4 ⋮
P_5
P_6
条件付確率表
$P(Y|X)=p_{ij}$

図 2.3　ベイジアンネットワークと他のモデルの比較

について，列を構成した表の各項目に確率値を定めたものが，X_jにとっての条件付確率表（CPT）である（表 2.2）．

このベイジアンネットワークにおいて，ある一つの子ノードに注目した依存関係を，一つの目的変数（従属変数：Y）とそれに対する説明変数（独立変数：X）の間の依存関係として見ると，統計分野における回帰モデル，因子分析や共分散構造分析などの多変量解析，人工知能分野における決定木，ニューラルネットなどと比較して，その特徴を理解することができる（図 2.3）．従来の多くの多変量解析的手法では，相関や主成分分析，因子分析のように，変数間の線形の共変関係に基づいてモデル化が行われることが多い．グラフィカルモデリングへの拡張である共分散構造分析も，目的変数にはガウス分布を仮定し，それに関する平

均,分散パラメータを説明変数(の線形関数)によってモデル化する枠組みであると理解することができる.データからの階層型ニューラルネットの学習は,非線形な関数によるモデル化とみなすこともできる.

これに対してベイジアンネットワークは,X–Y 空間を条件付確率表にしたがって離散化し,個々の確率値を割り当てた不連続な確率分布によるモデル化である.

その自由度は比較的高いものになっており,線形から非線形な依存関係まで柔軟に近似することができる.また,各項目ごとに十分な数の統計データがあれば,変数の各状態についての頻度を正規化して,各項目の確率値を容易に求めることができる.決定木もベイジアンネットワーク同様に変数空間を分割するようにモデル化するが,分割の仕方がやや異なっている.説明変数の値によっては別の変数の値に影響を受けない場合があるが,すべての説明変数の値を列挙して定義し直すと,決定木は子ノードが一つだけのベイジアンネットワークと等価なモデル化とみなすこともできる(図 2.4).

パターン認識でよく使われる確率モデルとの関連もある(図 2.5).親ノードにパターンクラス,子ノードに特徴量を与え,パターンクラスの事後確率を計算

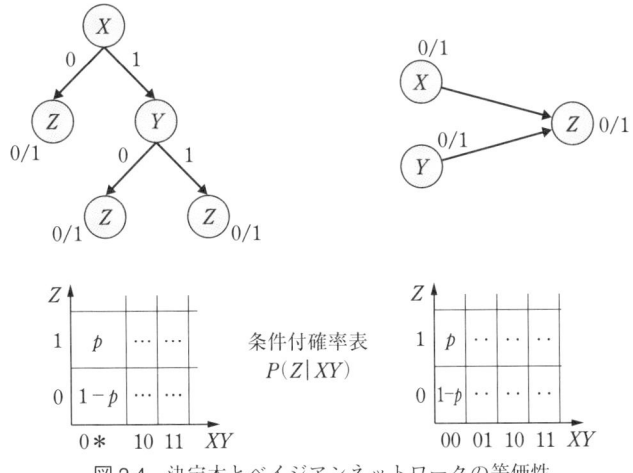

図 2.4　決定木とベイジアンネットワークの等価性

音声認識でよく使われるHMM（Hidden Markov Model）
と等価な（ダイナミック）ベイジアンネット

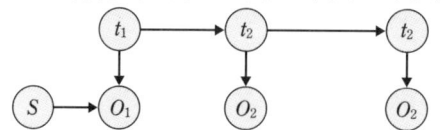

$t,\ldots$は状態を表すノード
Oは出力記号を表すノード

パターン（画像）認識でよく使われるBayesian Classifier
と等価なベイジアンネット

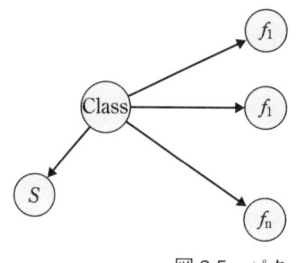

・fは特徴ベクトルで観測可能
　Classはシンボルで直接観測不能

・事後確率$P(\text{Class}/f)$を最大化するシンボル
　Classを尤度$P(f_1/\text{Class}),\ldots,P(f_n/\text{Class})$と
　事前確率$P(\text{Class})$から求める．

BN：さらに状況や文脈に応じてノードを
　　追加することで情報統合

図 2.5　パターン認識で使われる確率モデル

し，これを最大化するようなパターン認識を行うことができる．この場合は，ベイジアンクラシファイア（Bayesian classifier）やナイーブベイズ（naive bayes）と呼ばれるものに等しい．また，音声認識やバイオインフォマティクスなど，時系列データの認識に使われる確率モデルである隠れマルコフモデル（Hidden Markov Model）と等価なモデルをベイジアンネットワークとして表現することもできる．このように状態変数を導入したモデルは，ダイナミックベイジアンネットワーク（dynamic Bayesian net）とも呼ばれる．

　ここでは各種のモデルを変数間の表現方法として比較したが，モデル本来の役割はそれぞれまったく異なっている．共分散構造分析やHMMはデータを説明するための仮説としてのグラフ構造を与え，そのパラメータを決定し，得られるモデルの適合度により仮説の最もらしさを検定するものである．また，ニューラルネットやベイジアンクラシファイアは，入力となるノードに値を入れたときの出力のノードの値を結果として得るモデルである．決定木は，データの中のある一つの確率変数を目的変数として，それを説明するモデルとして影響の強い説明変数を探索するアルゴリズムの出力結果としてのルールを表すモデルである．と

ころが，ベイジアンネットワークはそれらとまったく同様の使い方もできる上に，さらに次に述べる確率推論によって，知的な情報処理システムを実現するプログラムとして機能することもできる．これは，他のモデルにはない顕著な特徴である．

2.2　ベイジアンネットワークの確率推論

ベイジアンネットワークを使うことで，一部の変数を観測したときのその他の任意の変数についての確率分布を求めたり，確率値が最も大きい状態をその変数の予測結果として得ることができる．このとき，入力となる変数と出力となる変数は，モデルの中では区別されていない．観測された変数の情報（エビデンス：e）があれば，それはどの変数にも代入することができる．それを与えた場合の任意の確率変数（X）の確率値，すなわち事後確率$P(X|e)$を求める．それにより，任意の変数の期待値や事後確率最大の値（MAP値），ある仮説の確信度（いくつかの変数が特定の値の組をとる同時確率）などが計算できるわけである．先の例では，「次の会議のある曜日」を予測したり，異常を観測したセンサの状態からシステムの障害原因を推定するような計算処理である．こうした確率計算に基づく推論は，確率的推論または確率推論と呼ばれている．

2.2.1　確率伝搬法

ベイジアンネットワークによる確率的推論は，

① 観測された変数の値（エビデンス）eをノードにセットする
② 親ノードも観測値も持たないノードに事前確率分布を与える
③ 知りたい対象の変数Xの事後確率$P(X|e)$を得る

という手順で行われる．

③における事後確率を求めるために，変数間の局所計算を繰り返しながら確率をネットワーク中に伝搬すること（変数間の局所計算）によって，各変数の確率

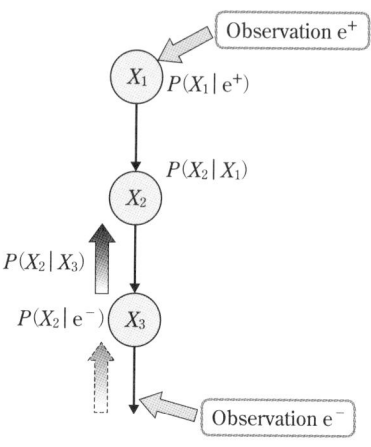

図 2.6　単純な構造での確率伝播

分布を更新していく「確率伝搬法（belief propagation）」と呼ばれる計算法が使われる．ここでは，簡単な構造のもとでの計算の実行例を図 2.6 に示す．

$X_1 \to X_2$, $X_2 \to X_3$ の間に依存性があり，条件付確率が与えられているとする．今，計算しようとしているノードを X_2 として，上流にある親ノードに与えられる観測情報を e^+，下流の子ノードに与えられる観測情報を e^- と書く．計算したい事後確率 $P(X_2|e)$ は，e を e^+ と e^- に分け，X_2 と e^- に注目してベイズの定理を使うと，次のようになる．

$$P(X_2|e) = P(X_2|e^+, e^-)$$
$$= \frac{P(e^-|X_2, e^+)P(X_2|e^+)}{P(e^-|e^+)}$$

また，e^+ と e^- は X_2 を固定したときには条件付独立になるので，$\alpha = 1/P(e^-|e^+)$ を X_2 の値によらない正規化定数とすれば，次のように変形できる．

$$P(X_2|e) = \alpha P(e^-|X_2)P(X_2|e^+) \tag{2.1}$$

このうち，e^+ による X_2 への寄与分，つまり親ノードから伝搬する確率を $P(X_2|e^+) = \pi(X_2)$ と書く．これは，$P(X_1|e^+)$ と X_2 の CPT を使って，次式によ

2.2 ベイジアンネットワークの確率推論

って求めることができる．

$$\pi(X_2) = \sum_{X_1} P(X_2|X_1) P(X_1|e^+) \tag{2.2}$$

$P(X_1|e^+) = \pi(X_1)$ は，観測値が与えられているのであれば，その値のままとする．観測値が与えられず，さらに親ノードを持たない最上流のノードであるならば，事前確率を与える．その上流に親ノードを持つ場合には，式(2.1)を再帰的に適用していけば，最終的には最も上流にあるノードによってその値が求められる．

一方，式(2.1)の子ノード側の e^- の寄与分，つまり子ノードから伝搬する確率を $P(e^-|X_2) = \lambda(X_2)$ とすると，これを計算するためには，すでに定義されている条件付確率 $P(X_3|X_2)$ を使って次式を用いればよい．

$$\lambda(X_2) = \sum_{X_3} P(e^-|X_2, X_3) P(X_3|X_2)$$

観測から得られる情報 e^- が X_2 の値によらず独立であることを利用すると，これは次式のように書き直せる．

$$\lambda(X_2) = \sum_{X_3} P(e^-|X_3) P(X_3|X_2) \tag{2.3}$$

ここで，$P(X_3|X_2)$ は条件付確率表として与えられている．$P(e^-|X_3) = \lambda(X_3)$ は，観測情報が与えられているならば値が確定できる．また，観測値が与えられず，その下流に子ノードを持たない下端のノードの場合は，無情報であるから一様確率分布であるとして，X_3 のすべての状態について等しい値とする．また，一般の構造のネットワークの場合，さらに下流に子ノードを持つならば，式(2.3)を再帰的に適用していけば，最終的には最も下流にあるノードによって値が求められるので，やはり $\lambda(X)$ を計算することが可能である．

したがって，式(2.2)と式(2.3)を式(2.1)に代入すれば，ノード X_2 の事後確率が求められる．同様に，次式によって任意のノードの事後確率も，局所的に計算できる．

$$P(X_j|e) = \alpha \lambda(X_j) \pi(X_j)$$

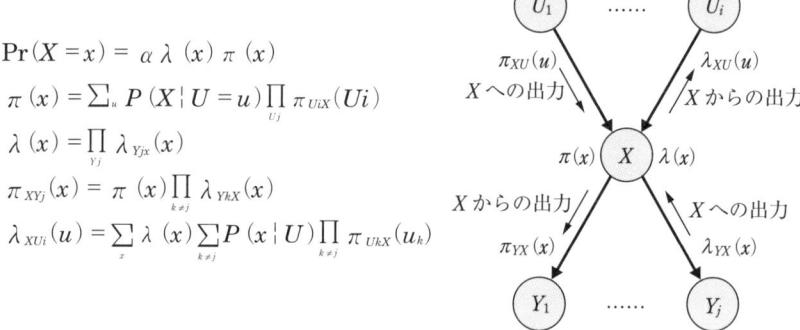

$$\Pr(X=x) = \alpha\, \lambda(x)\, \pi(x)$$
$$\pi(x) = \sum_u P(X \mid U=u) \prod_{U_j} \pi_{U_iX}(U_i)$$
$$\lambda(x) = \prod_{Y_j} \lambda_{Y_jx}(x)$$
$$\pi_{XY_j}(x) = \pi(x) \prod_{k \neq j} \lambda_{Y_kX}(x)$$
$$\lambda_{XU_i}(u) = \sum_x \lambda(x) \sum_{k \neq j} P(x \mid U) \prod_{k \neq j} \pi_{U_kX}(u_k)$$

図 2.7　簡単な構造での確率伝搬 2

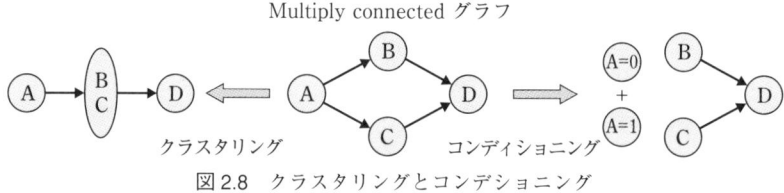

図 2.8　クラスタリングとコンデショニング

　ベイジアンネットワークのリンクの向きを考慮しないグラフ構造内のすべてのパスが，ループを持たないとき，そのベイジアンネットワークは singly connected（単結合）なネットワークと呼ばれる．singly connected なベイジアンネットワークの場合には，親ノード，子ノードが複数存在するような構造のネットワークでも，条件付独立性の性質を使うことで，各ノードについて上流からの伝搬，下流からの伝搬，上流への伝搬，下流への伝搬の 4 種について，先の確率伝搬計算を図 2.7 のように行うことで計算は完了する．また，その計算量は，各ノードに結合するリンク数に対して線形オーダで済む．

　リンクの向きを考慮しないでネットワークを見たときに，どこか一つでもパスがループしている部分があるとき，このベイジアンネットワークは multiply connected（複結合）と呼ばれる．この場合，単純にリンクに沿って確率を伝搬していくだけでは，その計算の収束性は保証できない．この場合，ノードをクラスタ

リングしてグラフを変換する方法や，ループをなくすように変数の値を場合分けするコンデショニングという方法がある [2.3]（図 2.8）．1990 年代のはじめにジャンクションツリー（junction tree）アルゴリズムと呼ばれるクラスタリング手法が開発されたことで，様々な構造に対するベイジアンネットワークの有用性が高まった．このジャンクションツリーアルゴリズムを実装した Hugin[†]というソフトウェアも製品化されている [2.4]（これについては 4.1.2 で述べる）．

一方で，multiply connected なグラフを変換せず，そのまま確率計算を行う統計力学的な近似アルゴリズムの研究が進み，中でも loopy belief propagation（Loopy BP）アルゴリズムと呼ばれるアルゴリズムが，その計算効率の良さから注目を集めている．また，モンテカルロ法に代表されるサンプリング法も，グラフ構造を変換する必要のない確率計算手法である．以降では，ジャンクションツリーアルゴリズム，Loopy BP，サンプリング法について紹介する．

2.2.2　ジャンクションツリーアルゴリズム

mutiply connected なネットワークの確率伝搬法を効率的に実行するための手法として，ジャンクションツリーアルゴリズムと呼ばれるものがある．

これは，適切な親ノードを併合する操作を繰り返してノードのクリークをクラスタとして生成し，元のベイジアンネットワークのノードをクリークとして結合した，singly connected な木構造からなるジャンクションツリーと呼ばれる無向グラフに変換する．

次に，こうしてできた singly connected な木構造にしたがって，クリークごとに確率伝搬を行うことで，やはり確率値が計算できる．複雑なネットワークの場合にはグラフ変換にかかる計算コストが大きくなるが，一度グラフ構造の変換に成功した後に何度も確率計算を行うような場合には，非常に効率のよい確率伝搬を実行することができる．

ただし，ジャンクションツリーアルゴリズムは，ノード数が増えたり，グラフ

[†] http://www.hugin.com

構造が複雑になるにつれ，変換操作自体の計算コストが無視できない問題となる．特に，ネットワーク構造が常に変わらない場合には一度だけ変換を行えばよいが，状況によってネットワーク構造が変化する場合にはその都度グラフ構造を変換しなければならず，変換のための計算コストは深刻である．また，グラフ構造の性質によっては効率のよいジャンクションツリーに変換できず，結果として巨大なクラスタが生じることも起こりえる．その場合には，クラスタ内の確率計算のために多数の確率変数の全状態の組合せについての計算が必要になるので，計算量が増大する．

2.2.3　Loopy belief propagation（Loopy BP）

multiply connected なベイジアンネットワークに対して強引に確率伝搬法を適用する方法が，loopy belief propagation（Loopy BP）と呼ばれている．

multiply connected なベイジアンネットワークに対してそのまま確率伝搬法を繰り返し適用してみると，経験的に次のような性質があることが知られている [2.5]．

- グラフ構造上の局所計算の相互作用によって部分の結果が徐々に全体に広る場合には比較的正しい確率値に近い近似解に収束する．
- 近似的な解に収束しないような場合の多くはノードの値が振動する．

2.2.4　サンプリング法

グラフ構造を変換しない確率推論アルゴリズムのうち，厳密計算に比較的近い近似アルゴリズムがストカスティックサンプリングによる確率推論である．これは，ベイジアンネットワークによるすべての確率変数がとりうる全状態ごとにその結合確率を事前に求めて，その確率に基づいて確率変数の具現値の集合をあるサンプル数だけ事前に求め，その確率に基づいてサンプルも一定数生成する推論である．さらに，そのサンプル群のうち，与えられたエビデンスと合致するものだけを対象に，知りたい変数の具現値の頻度を数え上げて正規化することで，対象とする確率変数の事後確率 $P(X|e)$ を求める．

サンプル数が多ければ解は厳密解にいくらでも近付くが，ノードの数やノードの状態数が増加すると，必要なサンプル数が指数的に増大する．しかし，解の精度が低くてよいならば，サンプリング数を少なくすることで計算時間を減少させることができるので，利用する状況に応じて計算時間と解の精度を制御することができるというメリットがある．

このとき，サンプルの生成方法にいくつかのバリエーションがあり，古典的なものとしてはランダムサンプリング，あるいは Marcov Chain Monte Carlo 法（MCMC）の適用も考えられている．また決定論的なサンプリング法としては，システマティックサンプリングがあげられる．

2.2.5 確率推論アルゴリズムの計算時間

これまでに紹介した確率推論アルゴリズムについて，計算時間などの性質を比較するために行った評価実験を紹介する［2.6］．各アルゴリズムの計算速度の比較は，表2.3のようになった．ノード数が多くなると，LoopyBPは他の手法に比べて圧倒的に高速である．ジャンクションツリーアルゴリズム（Junction tree）は，ノード数300では消費メモリが増大して，計算が実行不可能となった．これらの結果から，次の考察が得られる．

・LoopyBPは大規模なネットワークに対しても非常に高速であり，メモリ消費も少ない．
・ジャンクションツリーアルゴリズムでは，グラフ変換のための計算時間が膨大

表2.3 実行速度比較：Pentium III，975 MHz，512 MB

ノード数	LoopyBP	ジャンクションツリー	システマティックサンプリング
20	119 ms	112 ms	445 ms
50	314 ms	997 ms	1.845 sec
100	2.283 sec	10.820 sec	4.197 sec
300	4.765 sec	実行不可能	20.367 sec

になり，ノード数が多いと実行が不可能な場合もある．
・システマティックサンプリングでは，小規模なネットワークの場合はサンプル数を十分とることにより高い精度で解が得られるが，大規模なネットワークではジャンクションツリーと同様，メモリ消費と計算時間が膨大になる．

　計算効率という面ではLoopyBPのメリットが大きいが，しかし，解の精度や収束性にはまだ問題がある．今後はLoopyBPの特徴を活かしつつ，解の精度と収束に関する問題を解決するための新規アルゴリズムの開発が望まれる．

2.3　ベイジアンネットワークの統計的学習

　実際にベイジアンネットワークを応用しようとしたときに最初にぶつかる壁は，どのようなベイジアンネットワークを構築すればよいかという問題であり，適切なモデルを構築する手法が本格的な実用化の鍵となっている．
　ここでは，ベイジアンネットワークの学習の中心となる条件付確率の学習と，グラフ構造の学習について述べる．

2.3.1　条件付確率の学習

　条件付確率表において，X, Y のとりうる値のすべての組合せのデータが存在する場合を完全データと呼び，そうでないものを不完全データと呼ぶ．完全データの場合には，データの頻度によりCPTのすべての項を埋めることができる．
　例えば，簡単のため確率変数が真偽二値として，親ノード群 $P_a(X_j)$ がある値をとるときに X_j が真であった事例数を n^t_j，偽であった事例数を n^f_j とする．$P_a(X_j)$ を与えたときに X_j が真となる条件付確率が $P(X_j=1|P_a(X_j))=\theta_j$ であったとして，条件付確率の学習では，この θ_j をデータの頻度 n^t_j, n^f_j から推定することになる．データの数が多く，n^t_j, n^f_j が十分大きい場合には，最尤推定により $n^t_j/(n^t_j+n^f_j)$ を θ_j の推定値とすることができる．
　ただし，事例数が少ないときには，最尤推定量と真の確率の値がそれほど近く

ならない場合がある．その場合には，点推定量ではなく，ベイズ的に θ_j の確率分布を考えて，Dirichlet 事前分布により推定する．

一方，すべての起こり得る組合せのデータを持たない不完全データの場合には，最尤推定量を求めることができない．特に実際の問題に適用するに当たっては，確率変数のとりうる値が多様であり，状態数の増加にともなって条件付確率表（CPT）のサイズが増大する傾向がある．データから条件付確率を決定するためには，各項に十分な数のデータが必要になるが，CPT のすべての項目について一様に分布したデータが得られるとは限らない．特にいくつかの項については，データが欠損している不完全データしか利用できない場合も多い．

こうした不完全データの場合には，まず，未観測データについての確率分布を推定し，さらにその分布によって期待値計算を行うことが必要になり，そのために EM アルゴリズムが用いられる．

ベイジアンネットワークにおける EM アルゴリズム［2.7］は，条件付確率表を不完全データから学習するために，

① 初期パラメータを適当に設定し，初期の仮設モデルとする．
② 仮説モデルを使って確率推論を実行し，不完全データの欠損部についての推定値を確率分布として得る．
③ 条件付確率表を上の欠損部分を推定した擬似的な完全データから定め，それを次の仮説モデルとする．
④ パラメータの修正値が小さくなるまで②と③のステップを繰り返す

という手順で実行される．②が E ステップ，③が M ステップとなる．

2.3.2　グラフ構造の学習

ベイジアンネットワークの構造学習アルゴリズムとしては，現実的な時間でグラフ構造を探索するためのヒューリスティクスを用いた K2 アルゴリズム［2.8］が知られている．

子ノードの一つを根，これに接続する親ノード群を葉とした木に注目すると，

ベイジアンネットワークはこの木が複数組み合わさったものになっている。そして，条件付確率分布はこの局所的な木のそれぞれについて一つ定義される。

そこで，グラフ構造の決定は，各子ノードごとに最適な局所木を探索するアルゴリズムとして実現できる。つまり，

① 子ノードを定義
② 子ノードごとに候補となる親ノードの集合を与える
③ 各子ノードごとに親ノードと条件付確率を決定
④ モデルの良さを評価する情報量規準に基づいて，最適な局所木（親ノード）を子ノードごとに探索する

という手順でベイジアンネットワークを構築するのがＫ２アルゴリズムの基本である。また，④の手続きにおいては，Ｋ２アルゴリズムで独自に提案されているもののほかに，AIC，BIC，MDL など，ベイジアンネットワークの構造学習には様々な情報量規準が適用できる。これは，子ノードとなる変数と親ノードとなる変数の間の従属性をモデル選択により検定していることになっている（図2.9）。

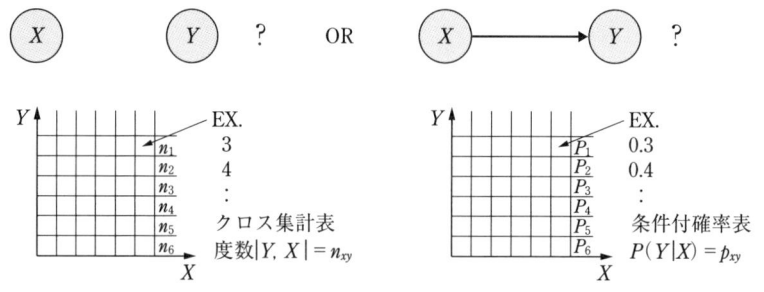

図2.9 ベイジアンネットワークの構造とモデル選択

参考文献

[2.1] 繁桝算男,植野真臣,本村陽一「ベイジアンネットワーク概説」培風館,2006

[2.1] 本村陽一「ベイジアンネットによる確率的推論技術」,計測と制御,Vol. 42, No. 8, 2003

[2.3] S. Russell, P. Norvig, "Artificial Intelligence：A model approach", Prentice Hall, 1995（古川康一郎監訳『エージェントアプローチ人工知能』共立出版, 1997）

[2.4] F.Jensen, "An Introduction to Bayesian networks", University College London Press, 1996

[2.5] K.Murphy, Y.Weiss, M.Jordan, "Loopy Belief Propagation for Approximate Inference：An Empirical Study", Uncertainty in AI, 1999

[2.6] 本村陽一「ベイジアンネットにおける確率推論アルゴリズムと実験評価」信学技報,Vol. 103, No. 734, pp. 157-162, 2004

[2.7] S.Russell and P.Norvig, "Artificial intelligence, A modern approach", Prentice Hall, 1995

[2.8] G.Cooper and E.Herskovits, "A Bayesian method for the induction of probabilistic networks from Data", Machine Learning, Vol. 9, No. 309, 1992

第3章
ベイジアンネットワークの応用

　本章では，ベイジアンネットワークによるモデル化，確率推論，統計的学習を利用することで可能になる応用事例を紹介する．

　まず，不確実な対象を含む問題領域から必要な確率変数を抽出することで，対象をモデル化する．もし，問題領域について得られている統計データがあれば，それを使ってモデルの構造とパラメータを統計的に学習し，決定する．構築したモデルは計算機上に表現し，確率推論を実行することでユーザの意図や将来の行動，機械の故障の原因など，不確実な対象についての確率分布や予測値を求め，それに基づいてシステムの動作を最適に制御する応用システムが実現できる．

　このようなベイジアンネットワークを応用した情報処理として最も成功しているのは，複雑なシステムの故障診断やトラブルシューティングと，人間の行動をモデル化して予測するためのユーザモデリングであろう．ユーザモデリングは顧客分析やマーケティングなどとも関連している．

　このように，人間の意図や要求，行動などを幅広くモデル化して予測を行えるようにすることは，限りない応用可能性を秘めている．本章では，こうしたベイジアンネットワークの応用について，これまでの事例や今後の展開までを視野に入れて，幅広く紹介する．

3.1　障害診断・リスクモデル

　はじめにベイジアンネットワークを使って，自動車のエンジンの故障をモデル化した簡単な例を説明する．エンジンが始動するためには点火系および燃料系，

さらにセルモータが勢いよく回転することが必要である．もし，エンジンがかからない場合，故障の原因を探るために，我々はどのように考えるであろうか．真の原因は，部品の不具合を直接観測するまではわからないとしても，バッテリーの古さや燃料計の値，セルモータの回転する勢い（音）などから，事前におおよその見当がつけられることもある．

これをベイジアンネットワークでモデル化したものが，図 3.1 である．「バッテリーの容量が十分であればカーステレオの音は聞こえる」，「ガソリンの残量があれば Fuel メーターでわかる」などといった定性的な依存関係をグラフ構造で表し，さらにその上で，「プラグがどのくらい古くなると，ある程度プラグが劣化する可能性がある」，「Fuel メータが残量を正しく表示しない可能性がある」といった定量的な確率的関係を各条件付確率分布で表す．このベイジアンネットワークに対して運転席から観測した情報を代入し，それぞれの要因に障害が発生している可能性を確率として計算する．その結果，最も不具合のある可能性が高い要因を中心に故障を診断することで，最小のコスト（診断回数，時間）により問題解決をはかることが可能となる．

こうした故障診断の実際の応用例として，Hewlett Packard 社（HP 社）のプ

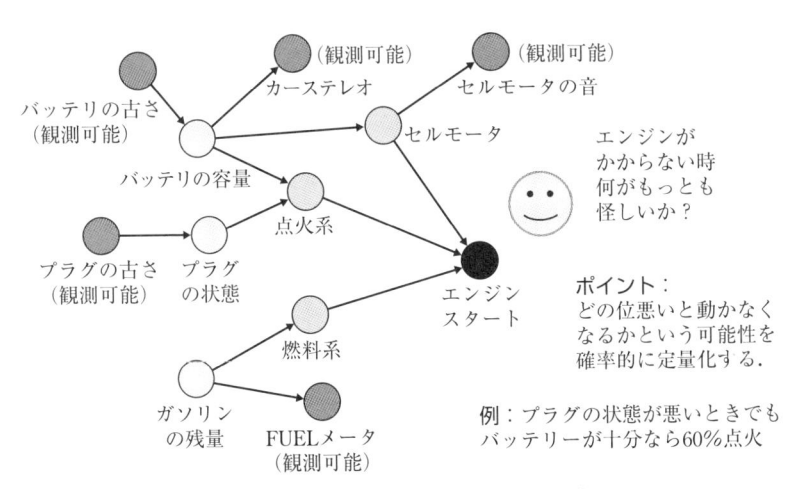

図 3.1 自動車のエンジン故障のモデル化

リンタ障害診断の例がある [3.1]．Hugin Expert 社と HP 社のカスタマーサポート R&D は，SACSO (Systems for Automated Customer Support Operations) プロジェクトという共同開発プロジェクトにより，HP 社のプリンタに関する障害診断・発見システムを開発した．障害診断システムへのベイジアンネットワークの応用は，NASA や Intel 社，Nokia 社をはじめとして多くの研究例があるが，この SACSO プロジェクトの場合は，プリンタのような民生品において，エンドユーザがアクセスするカスタマーサポートにおけるシステムとして実用化した例である．こうしたシステムの故障に関するモデルはカスタマーサポートでは有用な知識であり，それを共有・活用できるメリットは大きい．リコーアメリカでは，ベイジアンネットワークを使った情報システムを導入したことにより，カスタマーサポートの運用効率が向上したとの報告を発表している．

障害原因を推定できるベイジアンネットワークモデルは，様々な場所でも再利用できる．富士ゼロックス社では，複写機の障害原因を推定するためのモデルを構築している（図 3.2）．また，産業技術総合研究所との共同研究により，このモデルの上で高速な確率推論を実行する複写機用障害診断ツールを開発してい

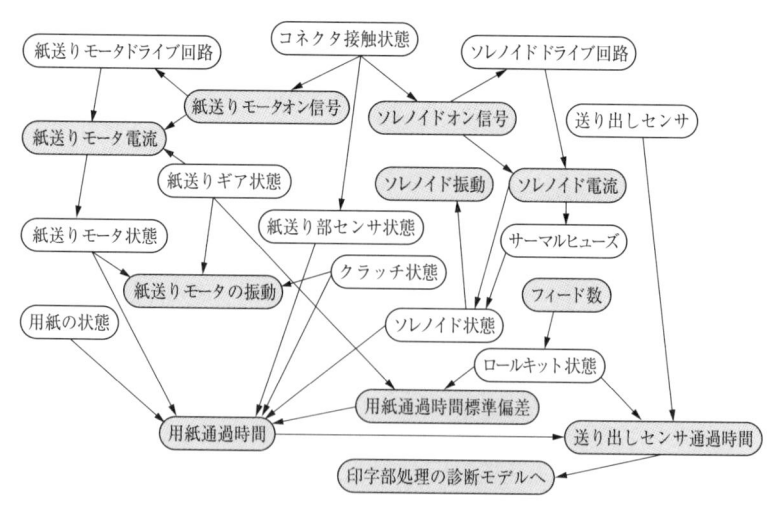

図 3.2 複写機の用紙送り部の診断モデルの一部（提供：富士ゼロックス（株））

る．さらにこれを発展させることにより，サービス担当の部署で使うメンテナンスツールを複写機本体に組み込み，利用中に集めたデータでモデルを学習，状況に応じて最適な判断を自動的に行うシステムを実現することも期待できる．

3.2　ユーザモデル

　情報システムをユーザが利用する場面において，システムをどのように動作させることがそのユーザにとって理想的なのかということについて真剣に考えると，実は，システムの制御方法を事前に規定することは非常に難しい問題になる．システムが提供できる機能はシステム設計者があらかじめデザインすべきであるが，インターネットの場合には，提供する情報コンテンツは刻々と更新される．また，システムのユーザが何を要求していて，提供された情報やサービスをどのように受け止めたのか，システムの動作は正しかったのか，ユーザの期待に沿ったものであったのか，といったことについてはシステムの実行時や実行した後でないとわからないものである．したがって，目の前にいるユーザの期待や要求通りにシステムを動作させるためには，ユーザの反応を実行時に予測した上で，さらにその反応や評価を最適化するような動作を選択するメカニズムを考慮することが重要となる．これは，人間にとってはごく当たり前のことである．人が商品

・従来のシステムでは，ユーザの内部状態は取り扱えない（入力データ通りに動作）．

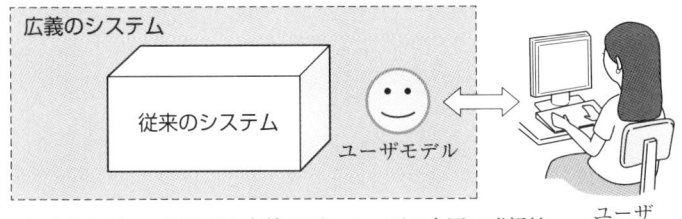

[図：広義のシステム（従来のシステム＋ユーザモデル）とユーザ]

・システムがユーザモデルを持てば，ユーザの意図や嗜好性などを予測した動作を行うことができる．
・ユーザに合わせて適応して動作を変えることもできる．

図 3.3　ユーザモデル

やサービスを提供する際に，利用者と直接対話している状況を考えてみれば，提供者自身が提供するサービスや動作の中から何を利用者に提供するのが最も良いかを，相手の立場に立って，利用状況を想像し，利用者が真に望んでいる要望を推定して判断しているのである．このような利用者に合わせた判断や動作を，情報システムが自動的に行うことが必要になってきている．

例えば，最近ではインターネットで商品を買うことは，すでに比較的普通のことになってきている．しかし，膨大な選択肢の中から最適な商品を適切に選ぶには，まだ手間がかかるのが現状である．キーワードや選択肢からたどりつきやすいものであれば検索機能を充実することも考えられるだろうが，音楽やレストランなどはそれだけでは不十分である．また，携帯電話では，その小さな画面と少ないキーでは，検索すること自体が難しい．さらに自動車内での利用を考えると，運転中の車内や走行中の状況にふさわしい情報を提供するような場合には，ドライバーにとって操作可能なことはほとんどなく，かなりの部分をシステムが自律的に判断する必要がある．つまり携帯電話やカーナビなどでは，多くの提供すべき情報やサービスの中から，何かの基準でシステム側がある程度自動的に候補を絞りこむ必要がある．

例えば，ドライブ中に近くのレストランを表示するという簡単な問題を考えてみよう．カップルが自動車でデートしているときには「おしゃれな場所が望まれている」と考えられるので，「雰囲気の良いイタリアンレストラン」などが良い候補となるだろう．しかし，仕事中のドライバーが昼間に食事をとる場合には「手軽に食事が済ませられる」「しっかり食べられる」などが重要と考えられるので，「ランチメニューのある定食屋」などが望まれるかもしれない．

こうした柔軟な対応を情報システムとして実現するために，事前に決められた手順の通りに処理を実行するだけでは，ユーザが満足するとは限らない．個別のユーザのそれぞれに対して十分適切な対応を行うように，事前に完全なシステムを作ることは難しいのである．それは，相手となるユーザのことを完全に知ることは難しく，システム設計時にすべてのユーザに対する適切な動作を事前に決定しておくことも困難であるからである．また，ユーザの要求自体が徐々に変化す

ることもありうる．そのような場合には，システムもユーザに適応して変化するという学習能力を持つことが必要となる．

「人とインタラクションしながら動作するシステムが，ユーザの立場に立って動作することは，現状では難しい」という問題は，情報技術一般の問題でもある．情報技術自身は着実に進歩しているが，それとは裏腹に，ユーザとなる人間に対する理解がシステム設計の場面において十分でないことにより生じている不整合や困難がかなりある．システムが人間のために動作するのであれば，システムがそのユーザである人間と無関係に一方的に動作するわけにはいかない．それにも関わらず，これまでは限られた場面で限られた機能に限定してシステムを設計すればよかったために，この問題はあまり表面化しなかったのかもしれない．しかし，情報システムの小型化や携帯，カーナビなどのモバイル機器の普及により，様々な利用場面や環境，状況に基づいて適切に動作することが要請され，性能向上とともに機器の能力が，さらにインターネットにより情報コンテンツの量が爆発的に増加した．結果的に，制御すべき選択候補の選択岐が増えたことにより，この本質的な問題が顕在化してきたといえる．そしてこのことは，ユーザである人間の心理状態や行動をシステムが計算して予測するという技術の必要性が高まったということでもある．

では，この問題について，我々はどのようにアプローチすればよいのだろうか？それに対する一つの考え方は，我々人間が自然に行っているように，「顧客やユーザの立場になって考えることを実現する工学的な手順を確立する」ということである．そのためには，人の心理状態や行動，反応に関してシステムが予測できるようにする必要があるので，仮想的なユーザの反応や内部状態に相当するものを計算機上で表現し，計算機で計算できるようにする方法が考えられる．これが利用者であるユーザのモデルを構築し，それを使って動作を制御するシステムである．

3.2.1　パソコンユーザのモデル化

ベイジアンネットワークを用いてユーザモデルを構築し，利用する実証的なプ

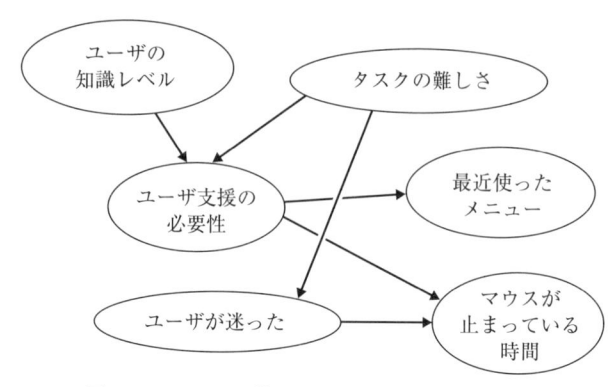

図 3.4 Microsoft 社のオフィスアシスタントの例

ロジェクトとして先駆的なものは，Microsoft 社のルミエールプロジェクト（Lumiere Project）である［3.2］．

　ワープロや表計算を使うユーザがそれらソフトウェアの正しい利用方法を理解していない場合に，説明や支援を提供することで使い勝手を良くしたい．そこで，どのような場合にこうした支援を行うべきかを，ベイジアンネットワークを使って判断しようというのがこのプロジェクトの目的である．多くの場合，操作方法がわからずにユーザが困っているときは，マウスは止まったり，あるいは意味のない動きをするだろう．また，ユーザが支援を必要とするかどうかは，ユーザの持つ知識やタスクの難しさに依存するだろう．こうした情報の関係からベイジアンネットワークを構築し，ユーザが支援を必要としている可能性を計算して，ユーザへの支援機能（オフィスアシスタント）を制御することができる（図 3.4）．

3.2.2　インターネットユーザのモデル化

　情報検索や推奨においては，情報をどのように選択するかは，その情報が持っているユーザにとっての重要性を評価することで決定される．このような情報推薦のための技術に，協調フィルタリングがある．協調フィルタリングとは，他の多くのユーザの検索要求と検索結果の履歴の中から，分析対象となるユーザの意図や要求に近いと思われるものを選び，それを情報選択に反映させる技術の総称

である．基本的には，現在のユーザ（アクティブユーザと呼ぶ）のそれまでの検索クエリーや閲覧履歴を分析し，そのアクティブユーザと同一の嗜好を持った他のユーザやユーザカテゴリを見つけて，その選択結果を活用するものである．

協調フィルタリングにおける基本的なアイデアは，目の前のユーザ（アクティブユーザ：U_a）がコンテンツjを選択するであろう確率を，これまでのユーザiが閲覧したコンテンツの履歴（これをそのコンテンツへの投票（スコア）と考えて$v_{i,j}$と表す）から推定するものである．最も簡単な考え方は，「ユーザAが選んだコンテンツと同じコンテンツを過去に選択したことのあるユーザBがいる．ユーザBが過去に選んだ別のコンテンツをユーザAが選ぶ確率は高い」というものであろう．しかし，ある一つの共通するコンテンツ選んだという事実だけでそのユーザと同じ嗜好を持つと考えるのは，単純すぎるので，もう少し高度な処理が必要になる．

まず，このアクティブユーザのコンテンツjに対する選択確率は以下のように表せると仮定する．

$$P_{a,j} = E_{va} + k \sum_{i=1}^{n} w(a,i)(v_{i,j} - E_{vi})$$

kは適当な係数，$w(a,i)$はアクティブユーザとユーザiの近さを表す関数である．$v_{i,j}$はコンテンツjがユーザiにより選択されたスコアである．また，E_{vi}はユーザiが投票した平均スコア（それまでにそのユーザが選択した回数の期待値，すなわち頻度確率）である．

つまり，アクティブユーザがコンテンツjを選択する確率は，他のユーザがこれまで投票したスコアに，ユーザ同士の類似度をかけたものの総和に比例していると考える．そして，この確率が高いものを選択してアクティブユーザに提示するのが，協調フィルタリングアルゴリズムの一つの実現方法である．

しかし，協調フィルタリングでは，結局ユーザの嗜好性を反映するためには実際の多くのユーザが各コンテンツを選択した履歴を必要とする．つまり，長期に渡って変わらずに提供される商品や情報，多数のユーザが安定して存在することが前提となっている．そのため，多くの利用者が常に利用する大手のサイトにお

ける書籍の購入などでは成功事例が見られるが，利用者の人数が少なかったり，商品や利用者の入れ替わりが激しい場合などでは選択確率の計算がうまくできずに，思ったとおりの推薦ができないという問題がある．

そのような場合には，他の商品や別のサイトでも再利用可能な形でのユーザモデルが必要である．そして，顧客のアクション（WWWブラウジング履歴など）や属性，アンケート情報から総合的にユーザモデルを構築し，それを適切に利用して嗜好性にあった情報や商品を推奨することが考えられる．これをベイジアンネットワークによって実現できるだろうか．

簡単な例を考えて見てみよう．例えば，健康関連情報に興味のある可能性が60%，子ども用の商品情報に興味のある可能性が30%などというように，複数の候補のそれぞれに興味を持つ可能性を確率として表す．そして，直前に見ていたページがある対象年齢についての育児相談に関するものであった場合に，健康関連情報，子ども用商品関連情報，その他のそれぞれに興味のある確率を計算する．この確率値が高い情報を，目の前のユーザが関心を持つと思われる情報として提供することにする．また，この確率を計算するには，様々な多くの要因（例えばその対象年齢の子どもが良くかかる病気など）を考慮に入れて，その間の依存関係（その病気の場合に必要とされる医療情報や，子どもがその年齢であればよく必要とされる商品など）を確率的にモデル化することで，あるページについてユーザが関心を持つと思われる確率を十分な精度で計算できれば，重要な関連情報を選択的に表示することが可能になると期待できる．

例えば，インターネット上のあるユーザの年令が Age であったとき，インターネットの中のコンテンツカテゴリの集合 D からどれが選択されたかという依存関係を，条件付確率 $P(D \mid Age)$ によって定義する．実際に年齢がわかっているユーザが情報を選択した頻度（クロス集計表）を大量に得ることができれば，この条件付確率は計算により求めることができる．その上でユーザの年令がわからないときに，コンテンツが選択される確率を推定する推論には次のようなものである．まず，条件付確率 $P(Age \mid Z)$（Z は Age に影響を与える別の要因，例えば勤続年数や購読している雑誌など）を別の統計データなどからモデル化して

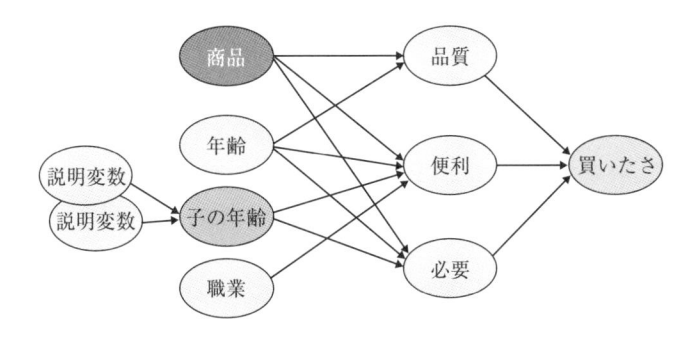

図 3.5 「子供の年齢」を介在して商品の購入可能性を予測する例

おく．そして，Z がわかったときに，年令が Age である確率 $P(Age \mid Z)$ と，先の $P(D \mid Age)$ から，「購読している雑誌」Z やがわかっているユーザがあるコンテンツカテゴリを選択する以下の条件付確率

$$P(D \mid Z) = \sum_{Age} P(D \mid Age) P(Age \mid Z)$$

は，ベイジアンネットワーク上の確率推論によって計算できる．選択対象となる候補が非常に多数存在する場合でも，確率推論の結果として得られた，興味を持つ可能性が高いものだけを選択的に表示する．さらに，商品に興味を持ち，買いたいと思う理由となる要因をモデルの中に取り込んでいくことによって，確率推論の結果はより人間の判断に近いものとなり，予測結果の信頼性も高くなると期待できる．このような方法で，顧客やユーザにとって望ましいと思われる情報や商品を最適に選択して表示するのである．こうした仕組みは，産業技術総合研究所技術移転ベンチャーであるモデライズ社が，日本国内での実用化を進めている．

3.2.3 携帯電話ユーザのモデル化

KDDI 研究所と産業技術総合研究所による共同研究において，次世代の携帯電話サービスのためのユーザモデル化の研究を行っている．その中で開発した映画推薦システムを紹介する［3.3］．

まずはじめに，約 1,600 名の被験者に対して映画コンテンツを提示するアンケ

ート調査を行い，ユーザ属性，コンテンツ属性，コンテンツ評価履歴を取得した．年齢・性別・職業などのデモグラフィック属性のほかに，ライフスタイルなどに関する質問項目，さらに映画視聴に関する態度属性として鑑賞頻度，映画選択時の重視項目，映画を見る主要目的（感動したい等7項目），コンテンツに対する評価（良い・悪い），その時の気分（感動した等7項目）を収集した．

さらに約1,000人に対して，各映画コンテンツについて，「どんな気持ちや状況のときに見たいか」，「場所（映画館，家でDVD）」，「誰と何人で」，「どんなときに鑑賞するか」を自由記述文により収集した．これらの結果を次章で紹介するソフトウェアBayoNetに入力してベイジアンネットワークモデルを構築した．

各映画コンテンツの場面設定やジャンル等は，映画コンテンツの評論文からのキーワードを抽出して分類した．状況データについては，自由記述された調査結果をそれぞれの項目について3〜5種類に分類し，該当するデータの頻度を得た．これをBayoNetに入力し，親ノード候補を探索し，その中からさらにAIC/MDLの情報量規準を使った全探索により親ノードを決定して，部分モデルを構築した．各部分モデルを図3.6の全体構造に基づいて結合し，最終的なユーザモデルとした．構築したモデルは，ユーザ属性群（22ノード），コンテンツ属性群（6ノー

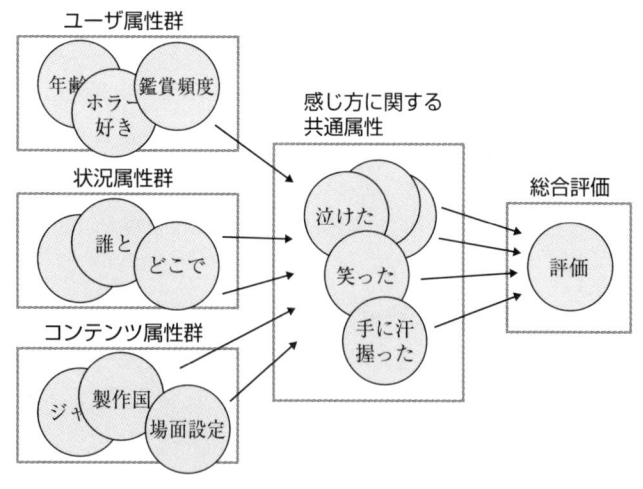

図3.6 映画推薦のベイジアンネットワーク

3.2 ユーザモデル   39

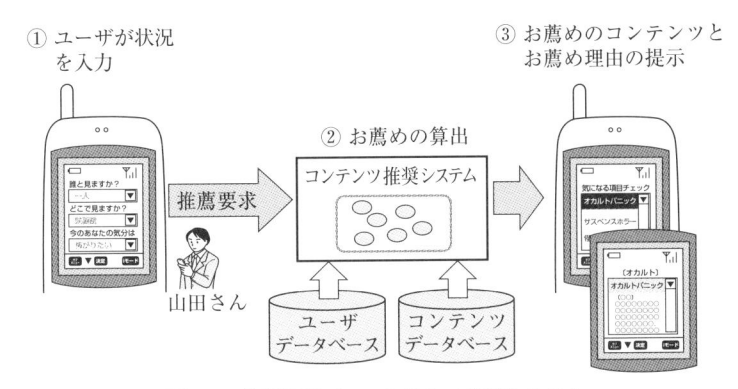

図 3.7 携帯電話でのコンテンツ推薦システム

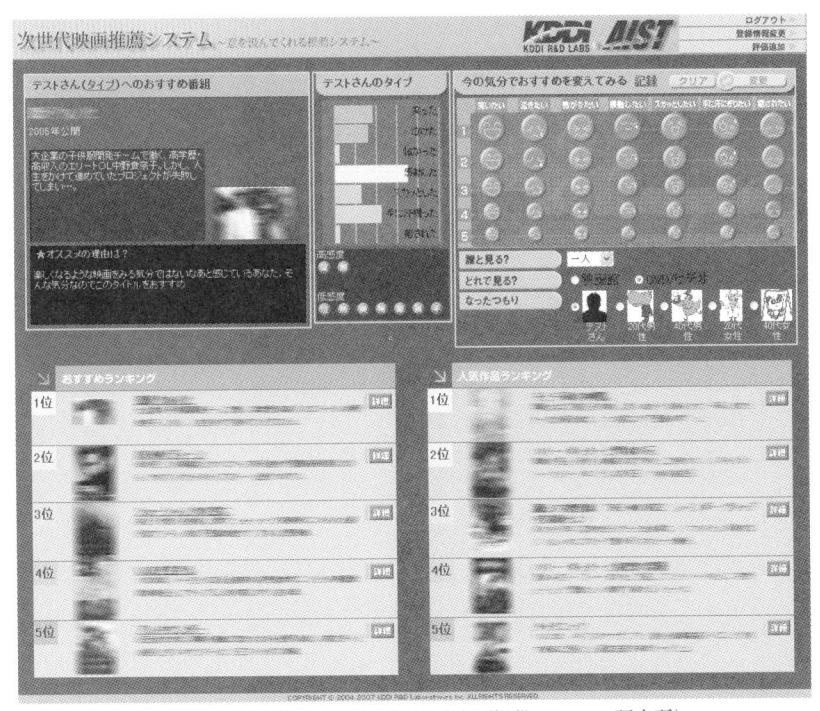

図 3.8 映画推薦システム（Web 版）（提供：KDDI 研究所）

ド），状況属性群（3ノード），共通属性（7ノード），総合評価の合計39ノードとなった．

次に，このモデルを用いて映画推薦システムのプロトタイプを構築した．推薦システムの処理の流れは，図3.7のようになる．

ユーザが携帯電話からサービスへの要求を状況に関する情報とともに送ると，システムはデータベースから登録済みのユーザ属性情報と状況情報を使って確率推論を開始する．その結果，選択される確率が高いと判断されたコンテンツを上位から推薦する．また，推薦したコンテンツに対するフィードバックを予測精度の向上のための学習データとして用いて，モデルは逐次更新される．このシステムは，PCからもアクセスすることができる（図3.8）．その場合は，ユーザが現在の状況でとりうる気分の確率分布なども表示できる．

さらに，自分以外のユーザ情報に置き換えたり，別の状況などでの気分の変化や，好む映画などの確率推論も実行できる．画面下部には，一般の映画ランキングとともに，左側に推奨映画ランキングと，それらが薦められる理由も合わせて表示される．

3.2.4 組込みシステムロボットへの応用

センサリ社（Sensory. Inc.）は2005年に，非常に安価なチップとともに，ベイジアンネットワークライブラリを低価格家電やおもちゃ，ゲーム用に無料で提供すると発表した．これは，組込みシステムへのベイジアンネットワークの応用であり，ホームオートメーションシステムが自動的にユーザの好みを学習したり，エンターテイメントロボットがユーザの好みに適応して確率的に動作するようになることを目的とするものである．同社のチップは，非常に安価に音声認識機能を組み込めるものとして日本の玩具メーカなどでよく使われており，すでに広く普及しているこうした商品にベイジアンネットワークが適用できるという意味で，画期的な出来事だと言える．

応用例として考えられているのは，同社の音声認識機能を組み込んだ人形やペットロボット，エアコンなどの家電システムにおいて，ユーザに応じて学習して

適応する機能の追加である．ペットロボットの例では，システムの内部状態として「意欲」「感情」「好み」「素質」などに対応するノードを用意し，これをダイナミックベイジアンネットワークにより確率的に状態を遷移させて，ペットロボットの動作を制御する．この反応に対してユーザがほめたりしかったりすることで対応する状態遷移確率を更新し，ロボットは動作を学習する．エアコンの場合には，ユーザの行動パターンや生活時間に応じて，エアコンの動作や設定温度を最適に調節できるようになる．

3.3 顧客のモデル化

これまでは，情報システムのユーザとしての人間のモデル化であるユーザモデリングについて述べてきた．しかし，情報システムのユーザに限らずに，より広く人間に関するモデル化を考えることもできる．例えば，ある商品や企業にとっての顧客の分析とそれに対応した意思決定や，自動車の運転手への支援，育児や高齢者を介護するための支援システムなど，人間自体を計算処理の対象とする情報処理分野の重要性は明らかに高まってきている．それにともない，人間の行動を理解するためのモデル化と応用技術の体系を確立することは，今後非常に重要な課題となっていくだろう．

人間の行動は解釈可能な意味を持つが，不確定性を含むため，事前知識の取り込みと観測された大量の統計データからの学習が重要な役割を果たす．現時点では，まだ人間のモデル化技術は十分に体系化され，確立されているというわけではないが，ここでは現在進行中の筆者らの研究プロジェクトも含めて，ベイジアンネットワークを応用した研究事例を紹介する．

3.3.1 顧客・消費者の行動理解

顧客の行動を予測したいというニーズは古くから根強くあり，社会心理学などでも長い研究の歴史がある．消費者行動の心理学などのアプローチでは，人間の行動発現メカニズムに目を向け，行動に至るまでのプロセスとしての欲求や状況

の依存性などが研究されており，仮説としてのモデル化も行われている．最近では，膨大に集積された購買履歴データや，顧客が会員登録時に記入した性別や年令，職業，家族構成などの個人属性，商品属性などからその背後にある規則性を抽出して，それらのデータによってユーザや顧客に関する知識を獲得するという考え方も進んできている．これは，データベースマーケティングやデータマイニングと呼ばれるアプローチであり，いくつかの有名な成功事例もあり，いまやインターネットを利用した電子商取引では必要不可欠の技術であるとも言える．そこでは，売り上げに強く関連する顧客属性の抽出と顧客のクラスタリングによって優良顧客を識別し，そこに向けて個別のアプローチを行うことで，売り上げや広告反応度の向上を実現している．これにより，各属性間の相関や元々の空間内で密集しているクラス，単一の目的変数を説明する決定木，ニューラルネットで近似できる非線型な決定論的関数などを抽出した例などがある．しかし，収集されている膨大なデータの情報量を考えると，こうした関係性をデータマイニングソフトウェアで解析し，それを可視化するだけでは，得られた結果の利用という意味ではやや不十分なようにも思える．

人間がある対象を認知してそれを評価する際に，個人ごとに異なる認知・評価構造を持つとする Personal construct theory が，1955 年に George A. Kelly により提唱されている [3.4]．これは，個人の認知構造を構成的な固有の内部構造（コンストラクトシステム）として考えるものであり，個人ごとの認知や評価の仕方の違いなどを表す一つの考え方を与える．この手法については，本書の 6.2.2 でさらに述べる．

この考え方に基づいた，他人を理解するための対面調査（インタビュー）法として，臨床心理学分野においてはレパートリーグリッド法という手法が生まれた．さらに，このレパートリーグリッド法をさらに発展させた評価グリッド法 [3.5] が，建築物や景観の定性調査のために讃井氏により提案され，最近では幅広く各種製品に関するマーケティング調査などにも活用され，多くの成功事例とともに実務的手法として注目されている．マーケティング分野においてラダリング法として知られているものも，同様の定性調査手法として考えることができる[3.6]．

これらの方法では，対象（製品）の属性，客観的ベネフィット，主観的ベネフィット，その人の価値，という4種類の認知項目クラスを想定し，その間の論理的な因果関係をインタビューにより，認知項目の抽出と項目間の主要な因果関係（ラダー）を聞き取る．例えば，「店内が静かなレストラン」，「食事中に話しやすい」，「会話が弾む」，「友達と楽しく過ごせるので良い」というようなものがラダーである．マーケティング分野では，主に複数被験者に対する聞き取りの結果として，主要なラダーを選択し，できるだけ多くの人に強く訴求する効果的なメッセージを発見することが主要な関心であった．

　一方，評価グリッド法も同様に，対象の属性から客観的（機能的）ベネフィット，主観的（情緒的）ベネフィット，価値（総合評価）へと至るラダーを網羅的に構築するための面接調査技法である．主にその目的は，個人の認知構造の差異に注目し，特定の顧客を対象とする建築開発のコンセプト立案などに活用され，近年では建築に限らず，多様な対象に対してもその応用範囲が拡大してきた．評価グリッド法は，取り扱う対象に応じて工夫された様々なバリエーションがあるが，ここでは基本的な例を簡単に説明する．

① 対象となる製品や建築物などを「良い」と評価するグループと「悪い」と評価するグループの二つに分け，そのグループ間で一対比較を行う．

②「良いと思ったのはなぜですか」と質問をすることにより，評価に関与した認知項目を洗い出す（例「部屋が静かそうだから」など）．

③ ②で挙げられた認知項目について，「そうするとどうして良いと思うのですか？」と質問することで隣接する上位の認知項目を洗い出す．これは上位概念の抽出であり，ラダーアップと呼ばれる．（例「話しやすいから」）

④ ②で挙げられた認知項目について「そうなるためには，何がどうなることが必要ですか」という質問をすることにより，隣接する下位の認知項目を洗い出す．これは下位概念の抽出であり，ラダーダウンと呼ばれる．（例：「部屋が通路から離れている」）

⑤ 対象の属性から総合評価（良い）に至る主要なラダーが出尽くされるまで，対

象となるモノの様々な組合せについて，上の①から④を繰り返す．

　この評価グリッド法を実行することにより，各認知項目や評価構造が被験者ごとに抽出される．ここでの評価構造は，その被験者にとっての論理的な因果関係に基づく定性モデルとなっている．

　ある一人の被験者に対する認知・評価構造のモデルは定性的で決定論的である．また，これはそのまま別の被験者に対する意図や要求の推定などに使うことはできない．そこで，他の人についても認知・評価構造を調べて，ある人はそのモデルにどの程度当てはまるか，というような定量的な議論が必要になる．

　こうした定量化モデルを考えるためには，頻度に基づいて確率モデル化を行えばよい．ある認知項目が別の被験者においても存在する共通のものであれば，その認知項目が支持される確率を頻度から求めることができる．さらに，異なる表現で説明された各認知項目を意味的に整理し，できるだけ少数の主要な認知項目だけを使って質問表を作成し，これを大量の被験者について再度調査すれば，こうした定量化モデルの構築が可能になる．ヒトの認知・評価構造の定量化モデルをベイジアンネットワークの形で表現すれば，計算機上で確率推論を実行し，シミュレーション可能な人間の認知構造モデルとして利用できるようになる．対象となる商品や顧客，条件などを変えてシミュレーションを効率的に行うことで，様々な予測や意思決定に活用できるものになる．より具体的な例は，本書では第6章で扱う．

3.3.2　消費・選択行動のモデル化

　消費者の選択行動には，何らかの因果的な決定規則があると考えられる．しかし，それらは様々な要因により条件付けられ，状況依存性や個人差もある．そこで，これをベイジアンネットワークの形でモデル化することで，個人差や状況依存性，要因との条件付依存性を表現することが期待できる．

　さらに，ベイジアンネットワークで表したモデルは，様々なアプリケーションで活用することができるという大きなメリットがある．ベイジアンネットワーク

の場合には顧客動向を解析するだけでなく，その結果に基づく確率推論を情報システムで利用し，商品や情報の自動推奨や，在庫管理などにも活用できるので，再利用の高さが重要なポイントである．こうした再利用性を実現するためには，確率変数の選択などに工夫が必要である．

予測対象としての目的変数には，来店頻度（または確率），購入頻度（確率），広告反応率などをとることが多い．そして，それらを最もよく予測できるような説明変数からなるベイジアンネットワークモデルを構築することになる．こうした説明変数を選択する手法として，従来は因子分析など多変量解析的手法が多く用いられてきたが，ベイジアンネットワークの場合には，変数間の関係が非線型，非正規的であっても離散的な条件付確率表によって自然に表すことができ，表現の自由度が高いため，古典的な多変量解析などと比較して柔軟なモデル化ができる．また，確率推論により顧客がとる行動，店への来店，物品の購入，広告への興味などの確率を予測したり，また逆に，購入する確率が大きくなるような顧客層への所属確率を計算することにより，いわゆる顧客セグメンテーションなど多方面に利用できる．

再利用性を高め，意味のあるモデルを構築するためには，データとして観測されていない潜在変数を導入することが有用であるが，その場合には初期状態から

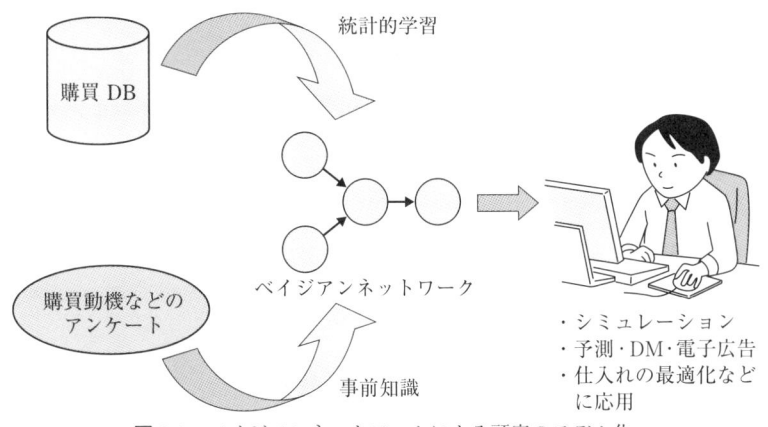

図 3.9　ベイジアンネットワークによる顧客のモデル化

の確率推論とパラメータ推定を繰り返すEM学習を用いる．

これまでの統計的手法による顧客分析やデータマイニングと，ベイジアンネットワークを使った顧客・ユーザモデリングのもっとも大きな違いは，獲得した知

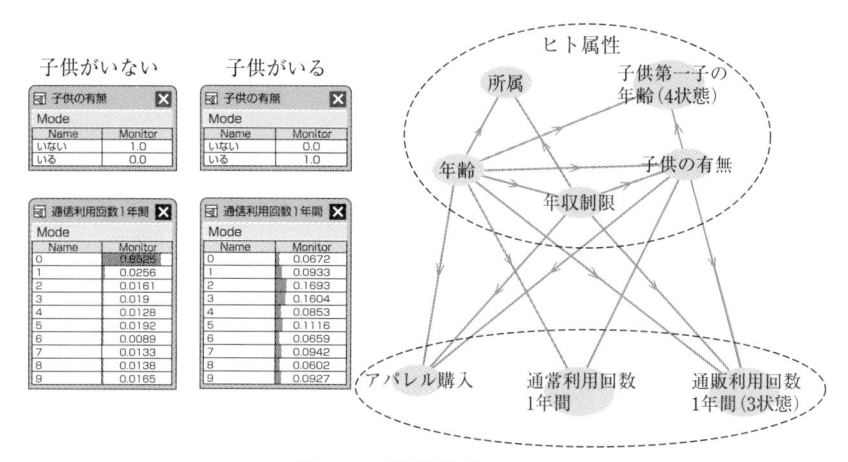

図3.10 通販利用者のモデル

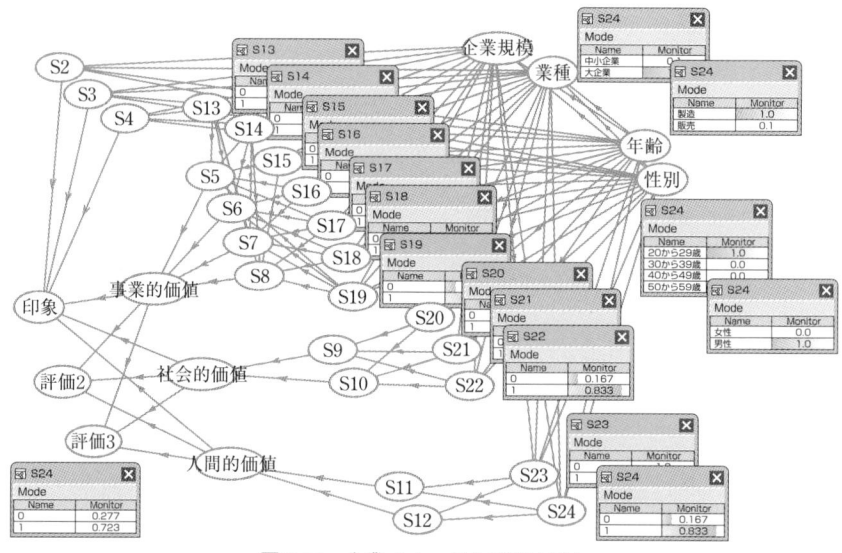

図3.11 企業イメージの予測モデル

識の再利用性である．ベイジアンネットワークの確率推論アルゴリズムにより，顧客がとる行動（店への来店，物品の購入，広告への興味など）の確率を求めることができるので，特定の状況においてありえる可能性の予測を実行することができる．

このような例として，筆者らのグループが 600 人のアンケート調査の結果から通信販売の利用頻度を予測するモデルを構築し，推論を行った例を図 3.10 に示す．

また同様に，企業のイメージについて良いか悪いか，その理由を調査したアンケート結果から，消費者の企業イメージに対する印象のモデルを構築し，その上でどのような広告戦略を実行することが，ある消費者層については効果が見込めるか，また，その効果はどの程度のものであるかについて，定量的に予測を行うことができる（図 3.11）．

特定のユーザや顧客に対する予測を行うことを考えるために，顧客のカテゴリを潜在クラス変数として表すことにする．次に，このような潜在クラスとして，最もよくユーザカテゴリを表している変数を見つける．例えば，性別や年齢の組合せにより表現できる場合もあるし，ある質問にどう答えたかという暗黙的な変数の場合もある．

次に，その顧客やユーザが属する潜在クラスの事後確率を計算した上で，事後確率最大のカテゴリを同定し，その結果をベイジアンネットワークに代入すると，それはそのカテゴリのみについての部分モデルになっている．したがって，潜在クラスの推定を先に行い，その結果をさらに代入してもう一度確率推論を行うという自然な操作で，特定のユーザや顧客に対する予測が実行できる．つまり，ベイジアンネットワークを使って，潜在クラス変数によって下位の部分モデルを混合したモデルを顧客集団全体のモデルとしたとき，ある一人の顧客に対する最適な商品の推奨を行うことが考えられる．この場合，まず，いくつかの質問から顧客クラスを推定し，その推定結果が正しいとしたときの部分モデルによって，最終的に最適な商品の推定を行う．

このように，母集団全体モデルへの推論と特定のカテゴリの顧客への推論を同

じモデルで実行できるという性質は，顧客分析においても有効である．例えば，購買履歴やアンケート調査によって多数の顧客集団をモデル化した上で，顧客をいくつかのクラスに分類することが顧客セグメンテーションと呼ばれ，マーケティング分野では重要な課題となっている．このような顧客セグメントは，必ずしも明示的に表せるとは限らないので，様々な変数の値の組合せや予測を繰り返す必要があり，こうした応用についてもベイジアンネットワークの確率推論の有用性が期待されている．

　(株)東芝では，消費者の購買行動のモデルをベイジアンネットワークを用いて表し，その上で確率推論を実行することで，購買要因の推定，潜在優良顧客の特定，ポジション比較，地域差や年度による変化とそれらの要因の検出などに応用している [3.7]．

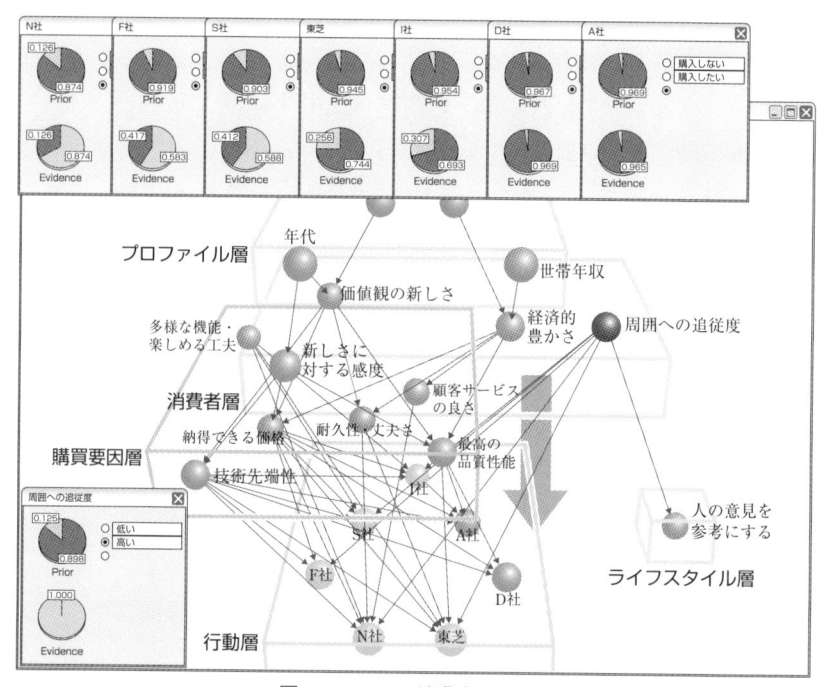

図 3.12　PC の消費者モデル

図 3.12 は，パーソナルコンピュータ（PC）市場における消費者行動のモデルと潜在優良顧客の確率推論の様子である．図中左下ウィンドウは，上の円グラフに周囲への追従度が高い（潜在）消費者を表す消費者の割合を示す（全体の 1 割程度存在）．図上部七つのウィンドウは，七つの異なるブランドの PC を購入する購買予測確率（上）と周囲への追従度が高い消費者の購買予測確率（下）を表す．各ブランドごとに上と下の円グラフを比較することによって，各ブランドごとに周囲への追従度が高い消費者の購買行動が消費者全体の購買行動と傾向が異なることがわかる．

参考文献

[3.1] F. Jensen, U. Kjarul, B.Kristiansen, H. Langseth, C. Skaanning, J. Vomlel and M.Vomlelova, "The SACSO methodology for troubleshooting complex systems", Artificial Intelligence for Engineering Design, Analysis and Manufacturing (AIEDAM), Vol. 15, 321, 2001

[3.2] E. Horvitz, J. Breese, D. Heckerman, D. Hovel and D. Rommelse, "The Lumiere Project : Bayesian User Modeling for Inferring the Goals and Needs of Software Users", in 14 th National Conference on Uncertainty in Artificial Intelligence, 1998

[3.3] 小野智広，本村陽一，麻生英樹「嗜好の個人差と状況依存性を考慮した映画推薦方式の検討」情報処理学会，マルチメディアと分散処理研究会研究報告，DPS-125-14, pp. 74-84, 2005

[3.4] G. A. Kelly, "The Psychology of Personal Constructs", Routledge, 1955

[3.5] 讃井純一郎「レパートリ発展手法による住環境評価構造の抽出」日本建築学会計画系論文報告集，pp. 15-22, 1986

[3.6] J. Gutman, "A means-end chain model based on consumer categorization process", Journal of Marketing, 46, pp. 60-72, 1982

[3.7] 村上知子，酢山明弘，折原良平「ベイジアンネットワークによる消費者行動分析」電子情報通信学会，ニューロコンピューティング研究会，2004

第4章
ベイジアンネットワークのソフトウェアとシステム

　前章で述べた障害診断やモデリングと同様に，不確実性を含む問題領域は多い．そのような様々な問題に対しても，その問題の対象についてベイジアンネットワークを構築し，そのネットワークで確率計算を実行するという統一的な方法論によって同じように取り扱うことができるのが，ベイジアンネットワークの一つのメリットであろう．

　そこで，特定の問題に限らない汎用的なソフトウェアとしてベイジアンネットワークを利用できるように整備すれば，幅広い様々な分野において，確率推論やモデル構築手法を誰もが容易に，すぐに利用できるようになる．こうしたベイジアンネットワークに関連するソフトウェアが，国内外で普及してきている．本章では，そうしたソフトウェアとして基本的なベイジアンネットワークソフトウェアと，それを応用した情報システムの例を紹介する．

4.1　ベイジアンネットワークのソフトウェア

4.1.1　BayoNet

　実際にベイジアンネットワークを応用する際，どのようにベイジアンネットワークを構築すればよいかという問題がある．興味を持つ予測対象となる変数やその周辺の本質的な問題構造を的確に表すベイジアンネットワークを構築し，さらにそれを様々に利用できるようにすることが重要である．これを人手で効率的に行うことはなかなか難しいので，モデルを構築し，構築したベイジアンネットワ

ークを利用するソフトウェアが切望されている．例えば，データベースや変数間の規則を与えると，それに最もよく適合するベイジアンネットワークを自動的に構築するソフトウェアや，構築されたベイジアンネットワークの上で予測を行った結果を，他のアプリケーションで利用するためのインタフェースなども必要である．このようにして，ベイジアンネットワークを計算機上で利用できれば，第3章で述べたような様々な応用を可能にする情報システムを工学的に実現することができる．

日本におけるベイジアンネットワークのソフトウェアとしては，筆者らが開発したBayoNetがある(図4.1) [4.1] [4.2] [4.3]．BayoNetは，Javaによる実装としては世界でも最初期のベイジアンネットワークソフトウェアであり，1996年に作成された人工知能学会で発表されたものをはじめとして，以後，経済産業省のRWCプロジェクトなどいくつかの研究プロジェクトの中で機能拡張が進められてきた．元々は知能システム・機械学習研究の中で必要とされる統計的学習機能を実現するためのプロトタイプとして開発が行われたもので，当時はベイジアンネットワークのモデル構築機能を持つソフトウェアがまだ一般的ではなかったことから，SQLデータベースに格納された大量のデータとのインタフェースをはじめとして，ベイジアンネットワークを構築するためのグラフ構造の探索機能，事前知識（ルール）の利用，GUI，Wizardスタイルの対話的なモデル構築など，様々な機能が追加されてきた．さらにBayoNet独自の特徴として，ニューラルネットを用いて条件付確率を学習，補完する機能もある．この手法は，実際的なデータの中にはしばしばデータに偏りや欠損値があるという問題や，連続値や多次元ベクトルの扱いが従来のベイジアンネットワークソフトウェアでは十分でないという問題を解決するために開発された．これは，条件付確率表を展開した連続空間上で，階層型ニューラルネットが張る連続的な確率分布を考え，与えられたデータから学習したニューラルネットの汎化（近似）能力によって，データに存在しない，欠損している項目についての条件付確率を推定するものである．欠損のデータの対処は非常に重要な問題であり，様々な種類の欠損データに対処するためのEMアルゴリズムについても機能拡張が行われている．

また，大量のデータに対する対処も重要になっている．ベイジアンネットワークによるモデル構築は，先に説明したように，データから条件付確率表を構築することが基本である．この操作は，クロス集計表をSQLデータベースで作成できれば，データをメモリに読み込むことなく実行できる．BayoNetでは，条件付確率をSQLデータベース側で求めるため，データ量の増加に対しても速度低下やメモリ消費の悪化が見られない．通常の統計分析ソフトやデータマイニングソフトでは，データをすべて転送してメモリ上で取り扱うことが多く，実際に数十万件を越える大規模なデータに対しては速度低下やメモリ消費が問題になるケースが見られる．こうした問題に対しても，BayoNetは有効である．

BayoNetには製品として販売されるバージョンの他に，共同研究のためにライセンスされるバージョン，国内初のベイジアンネットワークを活用したベンチャー企業（モデライズ社）に技術移転された高機能バージョンなど，いくつかの

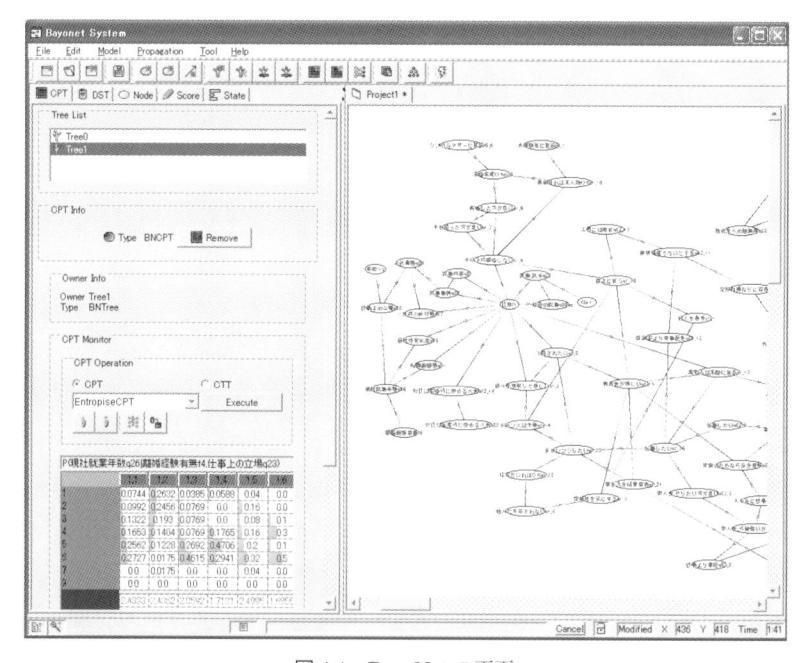

図 4.1 BayoNet の画面

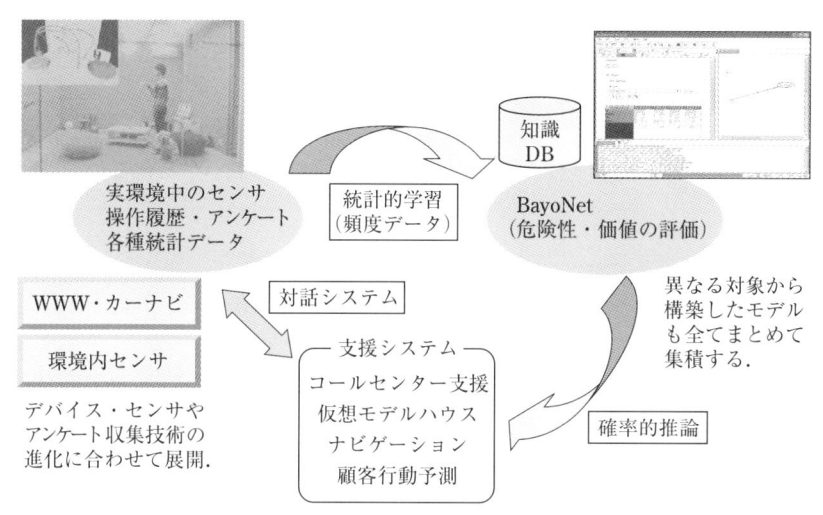

図4.2 BayoNetを応用したシステム

バリエーションが存在する．これらは並列処理やキャッシュによる高速化，個別の機能追加などを行い，次にあげるような様々な用途にも適用されている．

産総研とインターネット接続プロバイダであるニフティ社との共同研究では，300万人を超える会員からのコールセンタへの問合せを円滑に進めるために，熟練オペレータの理想的な対話を知識としてモデル化し，初心者オペレータを支援するシステムに活用するためにBayoNetを応用したシステムの開発を進めている．また金融分野においても，これまでは単に金利でしか差別化できなかった預金や投信のような金融商品に対して，近年の制度の自由化や顧客の多様化を背景として，個人の人生設計に応じた情報提供が必要になっている．そこで，株や投信などの金融商品に対する潜在的な嗜好を探るためのマーケティングのため，産総研と野村総研は生活意識に関する約100種の設問からなる1万人規模のアンケート調査のデータをBayoNetを用いて分析し，その結果を窓口支援，金融商品設計支援システムに応用する研究を共同で進めている．また，前述のモデライズ社ではBayoNetを用いて，4万人規模の顧客の購買履歴からある商品が売れる理由やある顧客セグメントに対して商品を購入する確率を予測し，これを使っ

て電話オペレータを支援するシステムの開発を進めている．

4.1.2　Hugin

　ベイジアンネットワークソフトウェアとして，初期の頃から海外でよく利用されていたソフトウェアがHuginである．ベイジアンネットワークの上で確率値を計算する確率推論アルゴリズムについては，80年代後半に盛んに研究が行われていた．ネットワーク全体を親から子の向きと子から親の向きにたどって確率を計算し，その両者を統合する確率伝播アルゴリズムがJ. Pearlらにより確立された．リンクの向きを考慮しないネットワーク内のすべてのパスが，ループを持たないsingly connected（単総合）なネットワークの場合には，この方法で確率推論が非常に効率良く，正しく実行できる．しかし，リンクの向きを考慮しないネットワーク中のパスに，一つでもループを含むmultiply connected（複総合）なネットワークの場合にも適用できる，効率の良い厳密計算を実行することが大きな問題であった．このために開発された計算方法としてジャンクションツリーアルゴリズムがあり，これを実装して商用化したソフトウェアとして誕生したのがHuginである．Huginの特徴であるジャンクションツリーアルゴリズムは，確率推論を効率よく正確に実行するために，ベイジアンネットワークの有向グラフ構造を無向グラフにした上で，ノードを併合したクラスタを作っていく．こうしてネットワークのグラフ構造を多重木に変換することで，確率伝播法における計算上の問題を解決した．

　1989年の創業になるデンマークのHugin Expert社は，ベイジアンネットワーク研究の先駆者であるAalborg大学で研究を行っていたメンバーを中心に設立され，以来，Huginの開発と継続的な改良を続け，ベイジアンネットワークとジャンクションツリーアルゴリズムの普及に大きく貢献している．また，Huginはベイジアンネットワークの教科書［4.4］にも試用版（Windows用のプログラム）がフロッピーディスクで添付されており，教科書の読者がソフトウェアを実際に操作しながらベイジアンネットワークの動作を体験できるようになっていた．

一方で実用的なアプリケーションのためには，各種のプラットフォームのもとで外部プログラムからも確率推論エンジンを利用することのできる API（他のプログラムから呼び出せるライブラリ）を提供し，その形態により商用，教育用など，いくつかの異なる種類の製品やライセンスが用意されている．

ただし，原理的には確率推論を実行する前には必ずモデルをコンパイルする必要があるので，一度作成したベイジアンネットワークを確率推論を実行している間は更新しないことが前提となり，ネットワーク構造をデータから学習して頻繁に更新するようなアプリケーションでは問題がある．例えば，データの中には含まれていない潜在変数を含むグラフ構造を学習する Structual EM アルゴリズムなどの確率推論には向かない．

4.1.3　MSBNx

Microsoft の基礎研究部門である Microsoft research も，精力的にベイジアンネットワークの研究とアプリケーションの開発を進めていた．彼らは研究所内のソフトウェアコンポーネントとして，MSBNx（Microsoft Bayesian Network）と呼ぶウィンドウズ用の実装系を完成させ，これを使った多くのアプリケーションソフトのプロトタイプを開発している．MSBNx 自体も，やはり確率推論を実行するシンプルなベイジアンネットワークソフトウェアであるが，彼らのアプローチの特徴は，その API を用いて開発した多くのアプリケーションソフト群にあり，これについては後で詳しく述べる．なお，MSBNx 自体は WWW からダウンロードすることも可能になっている[†]．

4.1.4　BayesNetToolbox

BayesNetToolbox[††] は，California 大学 Berkeley 校で管理されている MATLAB で実行するオープンソースのライブラリで，ベイジアンネットワーク関連の各種のアルゴリズムが利用・参照可能になっていることが特色である．MAT-

---

[†]　http://research.microsoft.com/adapt/MSBNx/
[††]　http://www.cs.berkeley.edu/~murphyk/Bayes/bnt.html

LABで動作するということからもわかるように，実用的なソフトウェアというよりもどちらかというとソースコードを理解し，研究のために新たなアルゴリズムの評価実験を手早く行いたいという用途に向いている．一方で GUI などは未整備であるため，ベイジアンネットワークについての理解がないと利用することは比較的難しいと思われる．MATLAB の利用者にとっては，過去に発表された著名なアルゴリズムの多くをすでに実装してあり，それらを統一的に実験評価することも可能であるため，自らの研究を進めるには最適のツールであろう．さらに，これらを C++ に移植するプロジェクトである OpenBayes project や，Intel 社により開発されている Probabilistic Network Library などへの展開も見られる．

4.1.5　Belief Network PowerConstructor

カナダの Alberta 大学に在籍していた Jie Cheng 氏が作成した Belief Network PowerConstructor[†]は，データマイニングの国際会議で行われたコンペティション，KDD Cup 2001 の Task 1 で優勝したソフトウェアである．このタスクで用いられたデータは，血栓症に関係する酵素に反応する化合物 1,909 例を取り上げたもので，そのうち実際には 42 例だけが酵素と結合するものだった．この化合物の特徴として，二値の属性数 139,351 のトレーニングデータを与え，634 例のラベルなしデータから結合の有無を予測する．このデータは，正例と負例のバランスが極端であり，事例数に対して属性数が膨大であることが特徴的である．

このソフトウェアは，統計的に正統なモデル選択とは異なるが，Conditional Independence チェックと呼ぶアルゴリズムを用いている．これによって，変数間の条件付独立関係を（計算量の問題から準最適ではあるが）評価して，リンクを張るべきかどうかを判断しながら，与えられたデータからベイジアンネットワークを構築していく．実際には相互情報量により，はじめに重要な属性を 200 だけ選択した後でモデル構築を行い，その結果作成されたベイジアンネットワーク

[†] http://www.cs.ualberta.ca/~jcheng/bnsoft.htm

によってテストデータに対する最も良い予測を与えた．

このタスクの場合，化合物の特徴を説明変数とし，結合するかどうかを示す確率変数の一つを目的変数としたモデルとなるので，構築されたベイジアンネットワークは決定木とよく似た構造となるのだが，決定木や通常の Bayesian Classifier (Naive Bayes) では独立として扱う説明変数間に依存関係が現われている点が興味深い．彼らはこれを BN classifier augmented Naive-Bayes と呼び，実験評価を行った結果，予測能力を向上することができたと報告している．

4.1.6　BayesWare Discover

BayesWare Discover は，それまで大学にいた Paola Sebastiani と Marco Ramoni という二人の研究者が，彼ら自身の研究成果をもとに，1999 年にベンチャー企業を興して商用化したベイジアンネットワーク構築ソフトウェアである．試用版がインターネット[†]からダウンロードできる．これは先の PowerConstructor とは違い，情報量規準によってモデル選択を行うアルゴリズムを使ってベイジアンネットワークを構築する．しかし，大局的に最適なグラフ構造を探索すると計算コストが過大となるため，局所的に最適なモデルを求め，それらを結合したものを最終的なモデルとする構造学習が行われる．また，学習アルゴリズムとして経験ベイズ的なアプローチを用いることで，不完全なデータからでもベイジアンネットワークを構築できることを特徴としている．

4.1.7　ベイジアンネットワーク応用システム

アメリカの Dynasty 社では，ベイジアンワークを応用した対話型の医療系の診断システムを提供している．救急医療の窓口を訪れた患者の症状から正しく状況を判断し，救急医へ情報提示を行うためのシステムであるが，これを実現しているソフトウェア群をモジュールとして組み合わせて適用し，問題領域に応じた入出力インタフェースを組み合わせて，様々な異なる応用領域に対して短期間で

[†] http：//bayesware.com/

本格的なアドバイス型障害発見・診断を行うシステムツールとして発展した．

マイクロソフトでは，先に述べた MSBNx を利用して，精力的にベイジアンネットワークを用いた応用システムの開発も行われている．ここでは，確率推論をユーザモデリングに利用したアプリケーションの例として，Windows の代表的なソフトウェア「OutLook」をもじった「LookOut」という名前を持つシステムを紹介する．

1998 年頃からマイクロソフトリサーチの社内で試用されているプロトタイプ LookOut は, 不確実性のもとでの意思決定, ユーザとシステムが協調する mixed-initiative interaction というキーコンセプトを実証するために開発された．

基本的な機能はカレンダーの表示とスケジュール決定のためのユーザ支援であるが, LookOut は Windows のメールソフトである OutLook を使うユーザの操作をモニターし，ユーザが新しいメールを開くとそれを検出してそのメールの内容を読み取り，スケジュール調整を行うためにカレンダーを開くかどうか，また，いつどのようにユーザ支援動作を行うのが最良かなどを判断する．

LookOut がメールの内容を読み取るときの確率推論は，次のように動作する．それぞれのメールが到着すると, LookOut は，ユーザが OutLook のカレンダーとスケジュールサブシステムを使う可能性を確率として計算する．この確率は，メールヘッダの内容（メールの差し出し人や時間など）とテキスト文中に含まれるパターンによる確率推論で計算できる．この確率と，サービスを提供した場合にユーザがどれだけありがたいと思うかという動作のコストを考慮した期待効用から，最適なアクション（場合によっては何もしないこと）などを決定する．

各アクションの期待効用の値によって，ユーザを支援する動作を行うか，カレンダーの表示とスケジュール入力を自動的に実行するかどうか，またはその必要がないので邪魔をしない，といったいくつかの候補の中から最良の動作を決定する．

この推論の中で LookOut は，人がミーティングなどを記述するときに用いる典型的な語句,「Friday afternoon」,「next week」,「lunch」などを検出する．それらの表現から想定される様々な場合の可能性を考慮して，スケジュールの

決定に関連する可能性を確率として計算し，適切なユーザ支援動作を決定する．

もしも，特定の日時に相手とのミーティングを行う確率が非常に高い場合には，その内容に基づいたサブジェクトと内容を入力済みの OutLook が起動し，この内容で良いか，あるいは修正するかをユーザに確認する．もし，他のスケジュールとぶつかっていたら，代替案として他の時間を探してそれを表示する．一方，メールの情報が特定の日時を示している確率や，ミーティングを表す確率が低く，LookOut が起動するスケジューリングサービスの期待効用が低い場合には，単に最も必要と思われる時期のカレンダーを表示するだけにとどめ，それ以上の余計な動作はしない．

さらに Microsoft 社では，こうした一連のプロトタイプの集大成として Notification platform が開発されている［4.5］．これは，新しく到着する電子メールや警告メッセージなどを，ユーザにいつ通知すべきかどうかを一般的に判断する包括的なメカニズムである．これは，次のような仕組みで動作する．

① まず，新しく到着したメッセージの経済価値を推定する．これには電子メールの差出人をアドレスブックから探し出し，関係が深いかどうかなどを考慮するなど高度な推定を行う．また，この経済価値は時間とともに減衰して評価され，その価値が低くなる前にユーザに通知されなければならない．
② 次に，ユーザが現在作業している対象を，パソコンの入力や実行状態から推定する．ここにベイジアンネットワークの確率推論が用いられ，さらにその作業を中断した場合の損失の期待値を見積もる．
③ そして，ユーザの作業を中断する損失の期待値と，到着しているメッセージの価値を比較して，損失の期待値が低い，つまりメッセージの価値の方がより高いと判断された時点でそのメッセージをユーザに通知する．

このように，ベイジアンネットワークを活用してユーザの状態をより深く推定することで，初期のオフィスアシスタントのようにユーザを煩わせることなく，重要な情報を適切なタイミングで通知する仕組みを実現しようとしている．

ユーザが何をしたいと望んでいるかを確率と効用を通じてモデル化していると

ころ，そして観測だけからは確定できない事象に基づく意思決定を確率推論を用いることで実行しているところが，これらのシステムの特徴である．

こうした自律的な判断の信頼性が向上すれば，複雑な機能を提供するシステムの場合でも，ユーザは比較的単純な操作を行うことで所望のサービスを受けられるようになると期待され，携帯電話や運転中のドライバーに対する支援などでは特に重要な技術となるだろう．マイクロソフトの社内では，他にもベイジアンネットワークを使ってユーザのリクエスト（サブゴール）を逐次推論しながら対話を行う受付案内のプロトタイプ「Bayesian Receptionist」など，ベイジアンネットワークを応用した知的エージェントの研究開発を精力的に進めていた．

参考文献

[4.1] Y. Motomura, "BAYONET：Bayesian Network on Neural Network", Foundation of Real-World Intelligence, pp. 28–37, CSLI calfornia, 2001

[4.2] 本村陽一「ベイジアンネットワークソフトウェア」人工知能学会誌，Vol. 17, No. 5, pp. 559–565, 2002

[4.3] 本村陽一「ベイジアンネットソフトウェア BayoNet」，計測と制御，Vol. 42, No. 8, pp. 693–694, 2003

[4.4] F. Jensen, "An Introduction to Bayesian networks", University College London Press, 1996

[4.5] W. ギブス「気配りするコンピュータ」日経サイエンス，2005 年 4 月号，2005

第5章
人間の行動のモデル化

　人間の日常生活を支援するための情報技術を考える上では日常環境の中での行動理解が重要になる．例えば認知科学分野においても，最近になって日常性は重要な課題として注目されてきている[5.1]．しかし，いざ知能システムによって人の日常生活を支援しようとすると，人間が何を意図してどのように行動しようとしているかをシステムが理解できなければならない，という基本的な問題が浮かんでくる．日常生活における支援を考えるためには，この人間がどのような行動をとるのかを理解し，その上でその行動がよりよくできるような支援方法を工学的に実現することが必要である．しかし，実際に動いている多くの情報システムでは，こうした人間の行動や意図を理解する問題を巧妙に回避することで，工学的実現を容易にしている．例えば自動ドアは，目の前のドアを開けたいという意図や建物に入ろうとしている行動を理解する代わりに，赤外線や重力を検知することで実現している．ところが，こうした擬似的な解決策で可能な支援には限界があるのも事実である．例えば重力センサは，『近くにあった傘立てが倒れて，ドアが開けっ放しになる』ことや『小さなこどもは体重が軽すぎて開かない』ことを防げない．センサを赤外線に変えても，『センサの角度と人の入る方向によっては思ったとおりにドアが開かない』ことがあり，人間の意図や行動と，コンピュータ側での解釈との間のずれが埋まることはない．これは，コンピュータによる新しい支援技術を日常生活に大きく展開しようとしたときに直面する大きな壁ではないだろうか．

　これを解決するための正攻法は，コンピュータが日常生活における人間の行動や意図を正しく解釈することである．問題を本質的に解決するためには，人間の

第5章 人間の行動のモデル化

行動を単なる表層的なセンサデータとして扱うだけではなく，日常生活の中で人が行動をとった理由や環境，状況の中での必然性などと結びつけ，これにより人間が行動するメカニズムの計算論的なモデルを構築することが重要である[5.2]．この日常環境における状況依存性を持つモデル化のためには，人とシステムの相互作用が不可欠である．ただし，単にシステムが結果的に人に適応するだけでは不十分で，計算論的なモデル化ができていなければならない．この「計算論的」モデルとは，個別の事例に基づく具体的な表現のみにより記述されるものではなく，一般化できるモデルという意味である．単に理論的，抽象的に表現するという意味ではない．日常環境における実在的な意味をともなう再利用可能なモデルとすることで，様々な支援システムへの応用ができるものを目指している．

システムが人間の行動を理解しようとしても，まったく何の制約もなければ，論理的にありえるすべての状態を考えなければならないので，計算が不可能になる．しかし実際のところ，日常的な環境での人間の行動を考えると，それが何らかの目的を有する限り無限のものとは思えない．一つの鍵は行動の「目的」である．挙動としての「行動」は無限の状態があるとしても，その行動の意図に明確なものがあり，またその意図が状況に強く依存していれば，対応する目的の種類もたかだか数えられる範囲だろう．その良い例が，洗面所で手をかざすと水が出てくる蛇口である．この場面では，手のかざし方はその時々で様々であるが，洗面所で手を洗うという目的はかなり明白である．つまり，システムが支援する場面と，そこにおける人間の行動の目的の間の関係性を明確に考え，その上で一般化していくことが重要であろう．しかし，いざこれを実現するために，「日常」というものをコンピュータが取り扱えるように表現しようとすると，実は我々人間の目的や行動と状況の関係は，明示的にはよくわからないことに気付く．

具体的な意味をシステムが理解するためには，その環境，社会への没入が必要であり，ゆえに知能的なシステムは身体をもち，環境と密な相互作用を持たなければならないとする議論がある[5.3]．またその発展として，人間の知能の発達過程に注目し，システムに社会的環境を体験させて学習させるアプローチにより，

人間と同様のシンボルグラウンディングを得ようと試みる認知発達ロボティクスも提唱されている[5.4]．環境の中でシステムが身体性を持：，相互作用することで情報を共有することが重要であることは間違いないだろう．しかしこれまでのところ，具体的な相互作用の中身はあまりに個別的となるため，一般化することが難しい．

ここで重要な示唆を与えているのは，デビッド・マーの言う計算論のレベルの理解である[5.5]．計算論レベルの理解のために，アルゴリズムレベルやインプリメントレベルとしての人間の動作や環境との相互作用が意味を持つ．この三つのレベルは階層的な関係にあって，それぞれ「何を計算しているか」，その計算を「どのように行っているか」，その計算を「何によって実行しているか」を異なる表現で表すものである．先の例では，「手を洗う」のが計算論レベルの表現であり，そのために「手をかざす」方法がアルゴリズムレベル，その結果「手の移動」がインプリメントレベルになる．

このシステムと人間の間の行動理解の問題については，具体的な問題の設定とその問題における「目的」を共有することが重要性である．人間とシステムでは，インプリメントレベルが異なる．むしろそれゆえに，システムが人間を支援できる面もある．アルゴリズムレベルもそうかもしれない．しかし，「目的」を共有するならば，計算論レベルでは同じことを表現しているはずである．つまり，ある行動をとることにより得られるセンサデータの観測にどのような意味を付与するかは，その場面における問題設定，つまり「その行動が本来何を実現しようとしているか」という上位の計算論レベルにおける理解が必要であると考えられる．システムが人の行動を本質的に理解し，支援するためには，センサやデータを増やしていくアプローチ，例えば先の自動ドアの例の「センサがON」というインプリメントレベルやアルゴリズムレベルの計算の方法だけを考えていては不十分であり，計算論レベルの「目的」，つまり「手を洗う」という「目的」がどの状況や環境で計算されるべきかを再検討する必要がある．それは，システムにとっての社会性の元になる具体的な「目的」と，それに関連付けた身体性を含む特定の問題設定により，はじめて理解が可能になる．

次に，行動の計算論的レベルの表現である「目的」としての問題設定と，その目的のもとで観測された行動の計測データが得られたとしよう．そのデータが観測された状況でのみ意味を持つその場限りのものであっては，適用範囲は狭い．有用なデータは適用範囲を広げ，再利用できる形に「コンテンツ」化することが重要である．「コンテンツ」とは生データそのものではなく，加工して再利用できるものとして考える．例えば，データが紙などのメディアに固定化されていては，いまやほとんどデータとしての価値は低い．電子化されてメディア間で交換できる，現在のいわゆる「デジタルコンテンツ」とすることで，データの再利用性と価値は一挙に高くなる．またこれは，データを利用するユーザの視点を意識して，そのユーザとコンテンツの相互作用により発生する価値という概念を導入したことでもある．

この考えをさらに推し進めて考えよう．データの様相が単に変換されるだけでなく，行動のように状況依存性の高いものは，異なる状況においても同じ意味を持つように再利用するためには，かなり抽象的に加工することが必要であろう．そのためにはデータのフォーマットを変換するだけではなく，状況依存性も合わせて，利用される場面に応じて計算可能な数理的モデルの形にその都度「コンテンツ」化しておくことが必要になる．

例えばモーションキャプチャで人間の行動をデータとして記録しても，同じように再生することはできるが，それ以上の応用は，実は意外と難しい．つまり，モーションキャプチャのデータだけでは，利用者である人がどのような行動をとろうとしているかを判断することは，状況や背景知識を抜きにして見ると，人間にとっても難しいのである．現象としてのデータだけでは，「何をしているか」という計算論レベルの理解が得られないからである．行動は，目的と状況の依存性も含めてきちんとモデル化しなければ，その行動の解釈とモデルの再利用は難しい．

センサデータから行動を識別できるような何らかのモデルを作る試みは広く行われつつあり，ユビキタス情報処理の普及がそれを後押ししている．しかし，先にも述べたように，そのモデルが「何を計算しているのか」に対応付けて計算論

的にモデル化することが必要である．観測データは，多次元ベクトルやさらにそのベクトルの時系列として表せるが，何らかの行動のラベルに対応付けるマッピングを作るだけの問題としてそのセンサデータを考えるだけでは不十分である．センサデータから行動ラベルへの写像を関数として統計的に学習することはできるだろう．しかし，そのデータの状況依存性や文脈性を考えると，多くの変数の影響を考慮しなければならず，そのマッピングはかなり複雑なものになるだろう．また，たとえそのような複雑なマッピングを作ることができたとしても，それが単に，ある時点で観測されたセンサデータからその時点に割り当てた記号を表引きするだけのものであれば，その記号を割り振った人間がその記号に特別な行動のラベルとしての意味を持たせただけのことである．その記号ラベルの解釈を別の場面で正しく行える保証はどこにもない．

そこで，まず重要な問題は，記号ラベルとしての意味と表現の問題である．実際に観測されるデータには不確実性，非決定性の問題もある．決定的なモデリングでは，必然的にインプリメントやアルゴリズムレベルへの依存度が高くなる．変数間の関係をあるモデルで表した瞬間に，その関係は特定のマッピングやアルゴリズムにより決定され，そのモデル族の中でのパラメータ推定の問題になるからである．一方，非決定的なモデリングでは，実際の関数間の関係は確率などによって「ぼかして」記述することができる．そこでは，ベイジアンネットワークの確率的枠組みが有望である．例えば，ある行動をとる確率を，その行動に影響を与える要因を条件部においた条件付確率として表す．この条件付確率はかなり自由度の高い表現であり，さらに事例データに基づく学習により修正していくことができる．変数についても，相互情報量や情報量規準を用いて，重要なものを選択的に選ぶことができる．このような確率的モデリングにより，変数間の関係については「どのように計算するか」を抜きにした「この変数についての計算をする」という計算論的なモデル化が容易である．

しかし，それだけでは不十分で，記号ラベルとしての行動を表す確率変数をどのように定義すべきかという，意味と表現の計算論的なモデル化も考える必要がある．これを「どの変数についての計算を行うべきか」という，第二の計算論的

モデル化の問題としよう．これは，変数間の関係の意味での，第一の計算論的モデル化のメタレベルの問題になっている．

重要な問題は，記号ラベルとしての意味と表現の問題である．そこで，先に述べた行動の「目的」と，それを実現する手段の間の因果構造に注目し，主要な確率変数を抽出する．能動的な一般の行動の場合には，目的から手段へとトップダウンに分解して要素となる変数を抽出する．「手を洗う」例では，手段として「蛇口に手を近づける」，さらにそれを実現するための手段が続き，その前提として「洗面所」という状況がある．こうして，目的を達成するために必要な状態の変化についての因果的な構造に基づいて，「目的」について関係のある確率変数だけを使って状態空間を定義する．例えば，より危険な事故と評価される事象があると，「それはなぜか」という因果的な構造をたどって，トップダウンに環境の状態を表す変数のみを抜き出せる．

これまで述べたように，ベイジアンネットワークによる人間のモデル化では，単に表層のデータをフィッティングするだけのものではなく，その内部構造を人間の認知的な判断に近いものにしていくことが重要である．以降では，人間の認知的な構造をモデル化する研究事例を紹介する．

5.1　人間の認知構造の確率的モデル化

これまでの技術的な動向を概観してみると，技術自体の進展と比べて，人間の認知的・心理的機能に対する理解が不十分であることによる技術展開の困難が問題になってきている．例えばシステムを設計する場合，そのシステムを利用するエンドユーザである人間の心理的な評価を事前に予測することが困難であるために，必ずしもユーザにとって最適な設計であるとは限らない．特に情報システムが日常生活の中で，個人に適応して動作することが望まれるようになっている．この場合には，ユーザの意図や要求を正確に知ることができなければ，適切な動作制御アルゴリズムを確立することは難しい．ユーザに適応する協調的な知能システムや情報サービスの開発のためには，ユーザとなる人間の認知的・心理的機

能についての理解を深め，真の要求や意図の予測・推定と最適な動作制御をシステム上で実行することが不可欠である．そこで，人間の認知・心理的な機能までをも含めた数理的な人間モデルを計算機上で実行可能にすることを目指したプロジェクトが始まっている [5.6]．

筆者は，認知構造を反映した行動モデルを構築するという観点から，このパーソナルコンストラクト理論（Personal construct theory）[5.7] に基づいて認知・心理機能を数理的にモデル化する枠組みを検討している．人間の行動を理解する上で，「個人が固有の認知構造（Construct system）によって外部の情報を認知し，理解し，その結果を最適化するような選択や行動をとっている」とする考え方である．認知構造とは，「部屋の中が静か」など，人が感覚器を通じて得た情報を意味のある事象として理解する認知項目と，『「部屋の中が静か」であると「その空間では他人と話しやすい」』などのように，関連する認知項目間の間に存在する因果関係が構成する階層的な構造である．

個人の認知構造を抽出するための調査手法としては，評価グリッド法[5.8] の拡張を適用する．結果として得られる認知構造モデルは，ある特定の個人の定性的なモデルとして取り扱われるが，調査結果は複数の認知項目を相互に接続した階層的なネットワーク図として得られる．従来の評価グリッドでは，この階層図は主に人間が見て解釈するためのものであり，モデルを計算機上で利用することはあまり考えられていない．しかし，定性モデルとして得られた結果をもとに項目を設計したアンケートを大量の被験者に対して実施し，その回答である統計データからベイジアンネットワークを構築することができる．さらに，このベイジアンネットワークを用いた認知構造のモデル化により，一般的にヒトの認知・評価構造の定量化モデルを構築し，応用する方法が提案されている[5.9]．

ベイジアンネットワークを認知的・心理的な問題に適用する場合には，隠れ変数の取り扱いが重要であるが，提案手法では評価グリッドインタビューから抽出したスケルトン構造をもとに隠れ変数を設計し，それをノードとして含むベイジアンネットワークを認知・評価構造の定量化モデルとして構築する．これにより，認知・評価において重要な要因を変数として適切な位置に組み込むことが可能で

ある.

　ベイジアンネットワーク自体は，すべての変数を特に区別することなくモデル化しているので，変数の解釈は必要に応じて使う側が意味付けることになる．したがって，あるサンプルが実際にはいくつかのクラスに分類されているが，そのクラスを示す変数が観測できていない潜在クラス変数であると解釈することもできる．また，観測結果から，この潜在クラス変数についての分布を確率推論によって推定することができる．さらに，その潜在クラスが影響する部分モデルについて見れば，混合モデルとなる．このような場合には，潜在クラスの事後確率を計算した上で，事後確率最大のクラスを同定し，その上で対象となる部分モデルの確率推論を行うことも考えられる．

5.2　ベイジアンネットワークによる認知的構造のモデリング手法

　ここでは，ベイジアンネットワークにより人間の認知構造モデリングを行う方法について述べる．基本的なアイデアは，評価グリッド法により認知構造モデルのスケルトンとなる変数群と主要なグラフ構造を求め，それを使って構築したベイジアンネットワークを用いて，定量的なモデルの統計的学習，確率推論などを実行するものである．

対象の選択：まず，評価対象となるものや情報を選択する．例えば，運転中の走行シーンの画像や，乗り込む車などを複数用意しておき，選択する候補とする．このとき，被験者が認知し，区別するために重要な属性を網羅的に含むような候補集合を用意することが必要である．

認知項目の抽出：次に，先の候補集合から対象を選び，各認知項目を抽出するために評価グリッド法を適用する．このとき，個別の被験者から異なる表現で表されるが，意味的に同一と思われる認知項目を適切に判断する必要がある．そのためには，意味解析を行いやすい文型に統一して表記するなどの工夫が有効

である．

そこで我々は，認知項目について，それぞれ主語と述語を明示したS, V, O/C型の表現を採用する．これは，人がある対象を観測したとき，対象がSに関係があり，かつそのSがV, O/Cとなっているという事象（event）である．また，その事象をどの程度の確信度を持って支持しているかを，主観確率$P([S, V, O/C])$によって表す．また，この確率は，多数の被験者からのアンケート結果などの頻度から求める場合には，頻度確率である．

各認知項目の確率が定義されたが，さらに別の認知項目による影響を考えることができる．ある認知項目をX_iと書くと，認知項目間の定量的な影響は条件付確率$P(X_i | X_j)$により表せる．

また，認知主体である人の個人属性が認知・評価構造に強く影響する場合がある．例えば，女性と男性で評価構造が大きく違う場合などである．こうした個人属性となる重要な変数も，認知項目として書く．したがって，これらの属性が与える各認知項目への影響の強さも，先の条件付確率により自然にモデル化することができる．また，各認知項目が暗黙的に条件付けられている場合がある．こうした状況依存性は重要であるため，モデルの中に状況が成立している事象をやはり一つの認知項目として導入し，同様に扱う．

スケルトンの作成：複数人の被験者（必要な人数は対象によって異なる）による評価グリッド法を実行した後に，主要な認知項目とそれに隣接する上位，または下位の認知項目の候補を整理する．上位または下位の項目は，大まかに属性と機能的ベネフィット，情緒的ベネフィット，総合評価の各クラスに分類しておく．こうして列挙された主要な認知項目をすべて事前に列挙し，以後の定量調査の回答により頻度を数えられるようにしておく．

定量調査：各対象ごとに主要な認知項目についての質問表を作成し，幅広い被験者層に対して定量調査（アンケート）を実施する．回答は，先に上げた各認知項目の頻度および隣接認知項目の共起頻度として集計する．評価グリッドの被験者数が十分であり，各認知項目の頻度と認知項目間の共起頻度が十分な数で

あれば，この結果から頻度確率として利用してもよい．

ベイジアンネットワークの統計的学習：先に作成したスケルトンモデルから，各認知項目の接続順序や隣接可能性を考慮して，変数の順序化と子ノードごとの親ノード候補の絞込みを行う．一般にグラフ構造の探索空間は，指数的爆発を引き起こすが，スケルトンモデルから探索範囲を限定することで，探索空間と計算時間を大幅に低減することができる．これを制約条件として，ベイジアンネットワークのモデル構築を行う．制約条件と定量調査により集計した各認知項目ごとの頻度および共起頻度データから，モデル構造の学習と条件付確率パラメータの統計的学習を実行する．ここで，第4章のソフトウェアを使うことができる．こうして構築したモデルが，パーソナルコンストラクト理論（Personal construct theory）に基づく確率的ヒューマンモデルである．

認知・評価構造の確率的定量化モデルをベイジアンネットワークとして構築することで，ある状況や対象を証拠（Evidence）として与えたときに，その確率的推論結果として評価の推定値を得ることができる．次に我々は，人の認知・評価構造の定量化モデルをベイジアンネットワークとして構築し，これを計算機上で実行することにより，個人差を反映してシステムの最適な制御を行う応用事例を紹介する．

5.3　自動車の乗降動作のモデル

まず簡単な例として，自動車のシートの位置のようなパラメータの制御を考えてみよう．筆者らは，乗用車への乗降動作を例に，以下の予備実験を実施した．評価する対象は，実験状況における「乗り降りのしやすさ」に限定し，被験者には必要に応じて何度も乗降動作を繰り返し，比較することを許すことにした．一対比較の提示順は，まずは評価の半分程度離れたもの，次に順位の高いもの同士→低いもの同士，同じ基準で良いもの同士→悪いもの同士，という順序に決めた．3車種の場合には1位・3位，1位・2位，2位・3位の順である．属性評価から機能的ベネフィット評価へのラダーアップ時には，「○○だと，自分の体の

どこがどのようになるから（どのようだから），助手席に乗り降りしやすいと感じたのですか？」，機能的ベネフィット評価から情緒的ベネフィット評価へのラダーアップは，「○○だとどのような感じがするから（どのような気持ちになるから）助手席に乗り降りしやすいと思うのですか？」といった形で聞き取りを行い，属性評価と乗り降りのしやすさの間の効用（ベネフィット）をできるだけ多階層で聞き取る．ラダーアップについては，「乗り降りのしやすさ」以外の機能的ベネフィットや購入意欲，好みの評価につながる「乗り降りのしやすさ」の上位評価項目，他の情緒的ベネフィットの抽出などは行わない．被験者2名により得られたスケルトン構造の例を以下に示す．

結果として乗り降りのしやすさを評価する場合に，「乗りやすい」と「降りやすい」とでは，評価に影響する認知項目が大きく異なることが判明した．つまり，シートの座面を最適に制御する場合に，乗るときはユーザの座高と等しく，降りる際はそれよりも高く設定すると，「乗り降りしやすい」と評価される．

また，「乗り降りのしやすさ」に影響するベネフィットが，被験者ごとに異なることもわかる．例えば，ある被験者Aにとっては「楽に乗り降りできること」であり，別の被験者Bにとっては「足元が明るく不安がなく乗れること」であるが，このように評価に強く影響する認知項目が異なった．つまり，被験者B

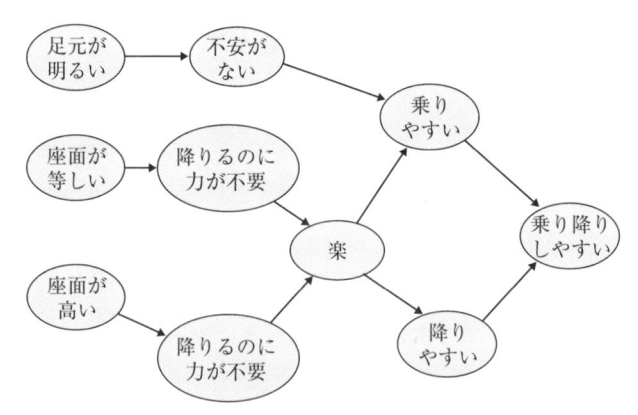

図5.1　乗降動作の認知・評価構造の例

に対しては足元の照明も制御することでより高い評価が得られる．より多数の被験者による定量調査を実施できれば，被験者属性（例えば年齢）と各認知項目への条件付確率を導入すればよい．例えば，P（不安がない | 足元の明るさ，年齢）という条件付確率によりモデルが詳細になる．

このように構築した確率的な認知・評価構造モデルを使い，明るさや座面の位置を変えてシミュレーションを行うことで，「乗り降りしやすい」と思われる確率を評価でき，その確率を最大にするような制御を行うことで，異なるユーザへの適応も可能になる．

5.4　運転行動のモデル化

同じ枠組みを運転支援システムへも応用することができる[5.10]．

図 5.2 に示すような走行シーンの画像 20 枚を複数の被験者（運転歴 15 年の熟練ドライバーや運転歴 3 年程度の初心者ドライバーなど）に提示し，先に述べた評価グリッドインタビューを実施し，認知項目の洗い出しとコンストラクト図の構築を行った．結果として得られた認知・評価構造の差異を図 5.3 に示す．

図 5.2　実験に用いた走行シーン画像の例（写真提供：トヨタ自動車）

この安全に対する認知・評価構造は，熟練ドライバーほど様々な要因を含めて，状況ごとに危険性を詳しく記述できる．また，そのような状況に会ったときに，なんとなく危険を察知して適切な回避動作をとることで，結果として事故の確率を低下させていると思われる．一方，初心者の場合は，単純な「ぶつかる」ということにばかり注意が向いており，本質的な危険性を判断することができない．このような熟練した運転手の認知構造を計算機上でモデル化し，初心者運転手が気付かない場面で効果的な注意を促すことで，運転支援システムの実現に寄与することができる．

そのためには，今後さらに多くの事例を重ね合わせてこの因果構造を集約していくことにより，事故の原因となる行動や状況の一般的な表現が洗い出せると期待されている．さらに，主要な変数を含めたアンケート結果からベイジアンネットワークモデルを構築し，このモデルと画像処理を組み合わせた確率推論を実行することで，システムが熟練ドライバーのように危険性を確率的に評価することが可能になる．

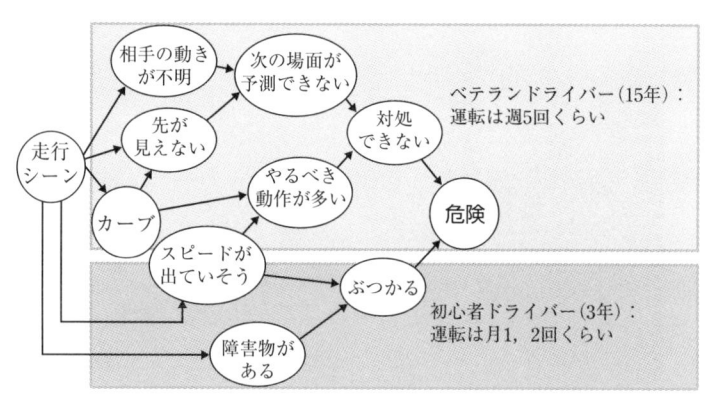

図 5.3 運転中の走行シーンに対する認知・評価構造

5.5 子供の事故予防への応用

これまで述べたような枠組みで，行動の理解と支援を考える．筆者らは具体的な問題設定をすることが必要であると考え，家庭内における子供の事故予防について取り組んでいる [5.11]．母親にとって，子供がある年齢になると，特定の環境や状況の中でどう行動するかを予測することは意外に難しい．そのため，子供による家庭内での誤飲や風呂場での溺死，階段からの転落などといった事故が発生している．

乳幼児の事故に限らず，あらゆる事故の問題について考える場合，最も大切であり経済的にもすぐれたアプローチは，「予防」である．乳幼児の事故予防のためには，乳幼児の行動を理解した上で未然に事故を防止するセンシング技術が必要である．しかしながら子どもの行動は，身近な現象であるにも関わらず，日常生活空間における子どもの行動の発現メカニズムや事故の発生メカニズムが理解されていないために，何をどのようにセンシングすればよいかはほとんどわかっていないのが現状である．これまでにも，医療の分野では乳幼児の事故防止に関する研究が行われてきたし，統計的な事故の現状調査や過去の事故の事例をもとにした予防策も提案されている．認知心理学，発達行動学の分野では，乳幼児の行動の発現メカニズムを理解しようとする試みが古くから行われてきている．一方，ユビキタスセンシングの分野では，カメラ，マイクといった様々なセンサを用いて人の行動を計測し，認識する研究も行われている．しかし，海外では乳幼

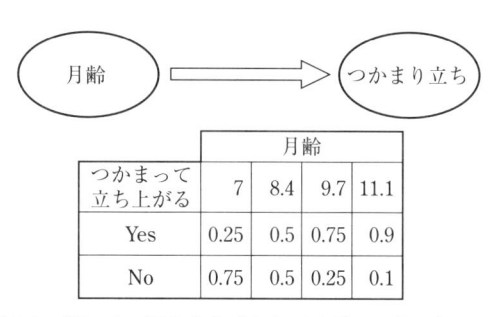

つかまって立ち上がる	月齢			
	7	8.4	9.7	11.1
Yes	0.25	0.5	0.75	0.9
No	0.75	0.5	0.25	0.1

図 5.4 デンバー II から作成したベイジアンネットワーク

児事故の防止に関する実践的な活動として，病院などの事例から実態調査を行い，どのような事故がどれくらいの頻度で起こっているのかを統計的に分析したものがあるが，必ずしも有効な予防法を明らかにしているとは限らない．わが国においては，まず十分な統計データを収集することもまだ立ち遅れているが，収集できたとしても，なお事故の発生原因となる個別の行動や特定の状況との接点が見当たらずに，本質的な事故予防への対策は困難であると思われる．そこで対象とすべき行動の「目的」を事故の予防に関連するものに制約し，ベイジアンネットワークを用いたモデル化を行うことで事故防止に応用する．

子どもがとる発達行動については，月齢が最も強く影響することが大規模な統計調査により知られており，それをまとめたデンバーII発達検査シート［5.12］から，そのまま確率モデルを導出できる（図5.4）．

5.6　状況依存性のモデル化

事故の原因は子供の行動だけではない．環境要因や背景となる様々な状況との依存性についてもモデル化する必要がある．そこで，病院における診療の際に記録した状況説明の履歴から抽出した200事例の事故事例データに基づき，これま

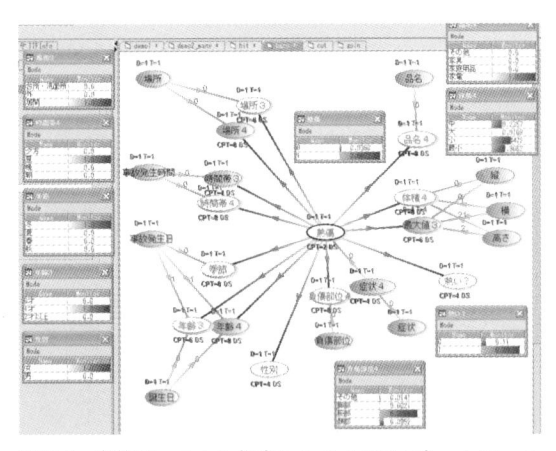

図 5.5　事故データから作成したベイジアンネットワーク

5.6 状況依存性のモデル化

でに発生した誤飲事故，傷害事故の記録をいくつかの典型的なパターンを原因・行動・結果に注目して分類・構造化し，事故に関わる周辺の確率的因果構造をベイジアンネットワークによりモデル化した（図5.5）．このようにベイジアンネットワークとしてモデル化することで，確率推論アルゴリズムによって季節や時刻，子供の性別，年齢に応じた各種の事故の予測に活用できる．つまり，これまでの事故から得られたデータを知識コンテンツとして再利用し，将来の新しい場面・状況における原因の起こりやすさ，事故の要因となる子どもの行動の起こりやすさ，そして結果としての事故が発生する危険性をベイズ確率に基づいて計算できる，有用なコンテンツになりうる．

事故を予防するという観点からは，保育園のヒヤリ・ハット事例を収集し，それらの個別事例をトップダウンに解析することで，優秀な保育士が頭に描く認知構造を，事故に関連する変数の因果ネットワークとして構築することも行っている．

ある転倒事故の例を図5.6に示す．この事故が起こった直接の状況は，足元が滑りやすい場所で子どもがはしゃいだからであった．滑りやすくなっていた原因は，コンクリートの路面に砂がのっていたことであり，さらにその原因として前の日に雨が降ったことが想起された．一方，子どもがはしゃぎやすい状況にあったのも，やはり前の日が雨で外出できなかったことから，外に出たがっていたことが原因である．さらに，子どもの性格にも起因しているのではないかと保育士

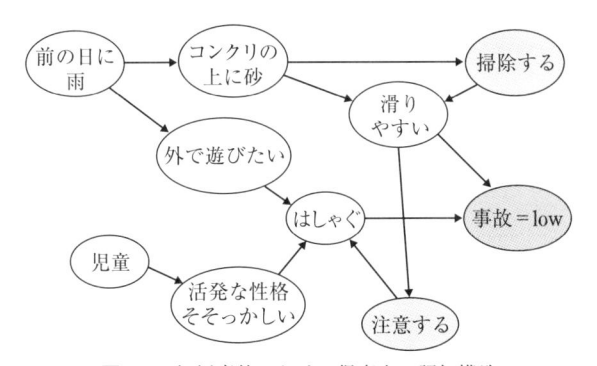

図5.6 転倒事故における保育士の認知構造

は述べている．多くの場合，優秀な保育士は，危険な状況のもとでは事前に危険を察知して，例えばこの例では砂を掃除したり子どもに注意をすることで，結果として事故の確率を低減している．このようなエキスパートの認知構造を計算機上にモデル化することができれば，事故の原因を総合的に分析し，効果的な予防策を促すなどの支援システムを考えることができる．より多くの事例と聞き取り調査の結果から，このような因果構造を集約していくことにより，事故の原因となる行動や状況の一般的な表現が洗い出せると期待している．重要な変数の抽出が行われた後は，その変数を含めたアンケートを作成し，事故事例を収集することで，ベイジアンネットワークによってモデル化が容易になる．より事故原因に関係の深い変数を用いることで，予測能力の高いモデルとすることが今後の課題である．

5.7　人間の生活行動のモデル化の展望

子供に限らず，日常の人間の行動のモデル化は，非常に幅広く有望な分野であり，子どもから高齢者，その家族へと展開することで，仮想モデルハウスやその

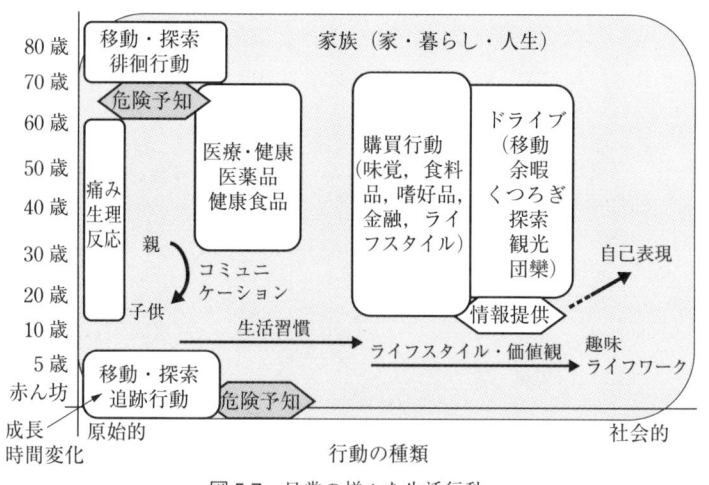

図 5.7　日常の様々な生活行動

中における様々な環境の変化のシミュレーションなどに活用したいというニーズも多い（図 5.7）．

また，自動車運転中に時々刻々と変化する状況での支援技術においても，こうした確率推論の重要性が高い．特にカーナビにおける技術については，第 6 章で詳しく述べる．また，第 3 章で述べたような，携帯電話を持ったユーザを案内するサービスも考えられる．単に目的地への道案内だけではなく，ある目的を達成するための移動案内や，さらに移動行動だけではなく，関連する情報を得たり，連絡を取ったりすることも含めた行動の支援，潜在的な目的の予測・推定も考えられる．こうした情報処理サービスを場当たり的に開発するのではなく，利用者である人間の視点から体系的付けて考えることが，人間を中心とした情報処理技術の発展のためには重要なのではないだろうか．

参考文献

[5.1] 野島久雄『＜家の中＞を認知科学する-変わる家族・モノ・学び・技術』新曜社，2004

[5.2] 本村陽一，西田佳史「日常環境における支援技術のための行動理解」人工知能学会誌，Vol. 20，No. 5，pp. 587-594，2005

[5.3] ロルフ・ファイファー『知の創生—身体性認知科学への招待』共立出版，2001

[5.4] けいはんな社会的知能発生学研究会『知能の謎—認知発達ロボティクスの挑戦』講談社，2004

[5.5] D.Marr, "Vision：A Computational Investigation into the Human Representation and Processing of Visual Information", WHFreeman ＆ Co，1982

[5.6] 金出武雄，持丸正明「デジタルヒューマン」システム制御情報学会誌，46巻8号，pp. 453-458，2002

[5.7] G. A. Kelly, "The Psychology of Personal Constructs", Routledge, 1955

[5.8] 讃井純一郎「レパートリ発展手法による住環境評価構造の抽出」日本建築学会計画系論文報告集，pp. 15-22，1986

[5.9] Y.Motomura, T.Kanade, "Probabilistic Human Modelling based on Personal Construct Theory", Journal of Robotics and Mechatronics, Vol. 17，No. 6，2005

[5.10] 本村陽一「走行シーンにおける運転手の認知構造のモデル化」計測自動制御学会シンポジウム，2005

[5.11] 本村陽一，西田佳史，山中龍宏，北村光司，金子彩，柴田康徳，溝口博「知識循環型事故サーベイランスシステム」統計数理，Vol. 54，No. 2，pp. 299-314，2006

[5.12] 日本小児保健協会「DENVER II—デンバー発達判定法—」日本小児医事出版，2002

第6章
ユーザ適応システムへの応用

　多様なユーザのニーズに合わせてサービスを適応させるシステムであるユーザ適応システムは，次第にその必要性を増している．第3章や第5章で取り上げたユーザのモデルを利用することにより，システムの適応性を高くできるだろう．それでは，このようなモデルは具体的にどのように構築したらよいのであろうか．本章ではユーザ適応システムについて取り上げ，そのユーザモデルを構築するための実践的なユーザモデリング技術について述べる．

6.1　　　ユーザ中心の適応システムへ

6.1.1　　　「個客」中心の時代

　近年，個々のユーザの趣味や嗜好に合わせられた商品や合わせてくれるサービスが増えてきている．例えば商品では，好みにあった音楽をいつでもどこでも楽しめるデジタル携帯音楽プレイヤーが好調な売れ行きを示している．また，好みのデザインを選べる携帯電話なども増えてきた．サービスでは，インターネットのポータルサイトにおいて，ユーザの好みに応じて画面の構成やコンテンツなどをカスタマイズできることが当たり前になってきている．また，インターネット書店で書籍を購入するときに，おすすめの書籍を推薦するサービスなども一般的に利用されている．

　多様な個々のユーザに合わせるこのような商品・サービスが注目されてきたのは，それほど昔のことではない．これらの商品を企画するもととなるマーケティ

ングの分野では，80年代までは大量消費のマーケットをいかに構築するかということが基本的な関心事であった．画一化された商品をできるだけ多くの顧客に売り，マーケットシェアを上げようというマス・マーケティングの考え方にのっとっていた．しかし90年代後半から，携帯電話やインターネットの普及などによる通信インフラの発展により，個々の消費者が大量の情報を簡単に得られるようになるにつれて，消費者ニーズの要求水準が高くなると同時に多様化してきた．その結果，マス・マーケティングの考え方では市場に対応できなくなってきており，近年，ワン・ツー・ワン・マーケティングの重要性が指摘されてきている．これは，消費者を画一的な顧客ではなく「個客」，すなわちひとりひとりの顧客を個別に扱い，適した商品・サービスを提供することにより，個々の個客におけるシェアを上げていこうという考え方である．このような考え方は，少子高齢化社会に向けて今後ますます重要性を増してくると考えられる．ITにおける技術革新は，ワン・ツー・ワン・マーケティングを実践するCRM[†]を現実的なものにしてきた．CRMとは，企業が「個客」のニーズに合わせた最適な商品・サービスを提供することにより，顧客満足度を高め，顧客との長期的な関係を構築することで，企業の収益性の向上を目的とする手法や仕組みを指す．詳細な顧客データベースをもとに個客とのやりとりを一貫して管理し，個客ニーズを吸い上げ，個客ニーズに対応するシステムによりCRMを実践できる．このようなシステムが一般的になるにつれて，ユーザが画一化された製品で満足する時代から，多様な嗜好に対応した製品を求める時代へと，加速的に移行している．

　一方，上記のような商品・サービスを実現するシステムの中核となるコンピュータは日々進化し，生活の中に浸透してきている．今後実現されてくるであろうユビキタス情報社会においては，ユーザに対して自然な形で，ユーザにカスタマイズされた情報やサービスの提供がいつでもどこでも行われるようになるであろう．ユーザを取り巻く環境には多くのコンピュータが埋め込まれ，ネットワークで相互に連携することにより，ユーザに合った環境を作り出す．このためには，

---

† CRM : Customer Relationship Management

その場・そのときにユーザとのやりとりを一貫して管理し，ニーズを吸い上げ，ニーズに対応するシステムが必要となる．これは，いわゆるリアルタイムに CRM を実現するシステムである．このようなシステムは，人間の認知の仕組みに合った設計により，人間が学習しなくても利用できるユーザ中心なシステムである必要がある．さらに，個々のユーザが様々な状況で利用できるように，システムがユーザに対して適応的にインタフェースを提供できることが必須な条件である．本章では，このようなユーザ中心の適応システムを「ユーザ適応システム」と呼ぶ．

6.1.2　ユーザ適応システム

では，ユーザ適応システムとはどのようなシステムであろうか．ここでは，「ユーザと相互作用を行って，学習することにより，自己の能力を改善できるソフトウェアシステム」として考える．このようなシステムの例として，膨大な情報の中からユーザの興味をひく情報をフィルタリングするシステムがある．このようなシステムは，1990 年代，インターネットでの Web サイトの広がりとともに，WWW 上の情報フィルタリングとして盛んに研究されている．例えば，あるトピックに関してユーザが興味を持つと考えられる Web ページを推薦するシステムがある [6.1]．一般の検索エンジンと同じようなページのリストを表示するとともに，それぞれのページについて推定したユーザの嗜好度を表示する．閲覧したページの満足度をユーザに評価させ，各ページが含む単語とその満足度の関係を学習する機能が盛り込まれている．六つの学習・推薦手法を比較評価しており，Bayesian Classifier が最も良い結果を示している．同様の文書フィルタリングに関する他の例としては，ニュース[6.2]や電子メール[6.3]などがあり，枚挙にいとまがない．

　また，対象とするユーザと同じような評価を行った他のユーザの過去の評価結果を利用して評価を決定し，フィルタリングを行う手法（協調フィルタリング）を用いた事例も多い．Web ページのフィルタ[6.4]，映画の推薦[6.5]に関するような研究事例だけでなく，amazon.com[6.6]などで書籍，CD 等の販売促進の

ための推薦システムとして実際に稼働している．

　Web以外の事例も少なくない．例えば，定型のフォームを自動的に入力してくれるシステムがある[6.7]．フォームの最初のいくつかを入力すると，その後の項目をデフォルト値として提案するシステムである．作成が完了すると，その文書が学習データとなり，次の提案に生かされる．

　また，Calendar apprenticeは，教授の会議スケジューリングをする秘書を助けるシステムである[6.8]．このシステムは，ミーティングスケジュール（日時，場所など）を提案する．秘書は，提案を受けるかどうかを判断する．この判断結果が学習データとなる．

　これらの他にも，プログラミングや設計を教える教育システム[6.9][6.10]や，自動車での経路の選択[6.11]，飛行機のフライトの選択[6.12]のアドバイスをするシステムなど，様々な研究がある．

　本章では，これらのユーザ適応システムとして，ユーザの嗜好に合うコンテンツを推薦する典型的なシステムを中心に取り上げる．このシステムは，ユーザが簡単にコンテンツを得られるように，過去のユーザとのやりとりをもとに，そのときどきのユーザの状況に合わせて嗜好に合うコンテンツを推薦するシステムである．ここでいうコンテンツとは，例えばレストラン，書籍，音楽，Webページなどといった商品・サービス一般である．具体的には，食事がしたいというようなユーザのニーズを，ユーザの置かれている状況からシステムが判断する．ニーズがあるとシステムが判断すると，これまでのユーザの行動履歴を考慮して，嗜好に合う適切なレストランを距離的に近いエリアから検索して推薦する．まさに，そのユーザの有能な秘書のようなシステムである．さらにシステムは，推薦に対するユーザの反応をセンシングして，推薦が妥当であったかどうかを学習し，推薦の精度を高めていく．

　当然のことながら，人の嗜好は人によって異なり，状況にも依存する．そのため，以上のようなシステムは各ユーザで個別の特色を持つシステムとなる．システムは対象ユーザの特徴を充分に知っている必要があり，その知識はユーザのモデル，すなわちユーザモデルとして備えることが自然である．よってユーザ適応

システムは,「ユーザモデルを備え,ユーザと相互作用を行ってユーザにユーザモデルを適応させることで自己の能力を改善できるソフトウェアシステム」と定義できる.

それでは,システムの中心となるユーザモデルについて,次節で議論する.

6.2 ユーザ適応システムにおけるユーザモデル

6.2.1 ユーザモデルとは？

ユーザ適応システムは,従来のユーザインタフェースを持つ情報システムと何が違うのであろうか.

ユーザインタフェースを持つシステムの一つの例であるパーソナルコンピュータでは,コマンドラインによる CUI (Character User Interface) の時代から,GUI (Graphical User Interface) の時代になって久しい.GUI は,ある程度ユーザの認知の仕組みに合っており,操作方法がわかりやすいことから普及している.では,「わかりやすい」とは何を意味するのであろうか.例えば,Microsoft 社の Windows を初めて使うユーザでも,少し使っていればウィンドウを拡大する,閉じるなどの操作について戸惑うことはなくなってくるであろう.それは,ユーザがウィンドウの概念を理解して,拡大したり閉じる操作により画面上のウィンドウの領域が広がったり,タスクバーに格納されたりすることを知っているからである.すなわち,どういったウィンドウ操作によりシステムがどう動くかというシステムのモデル(システムモデル)をユーザが持っているのである.このモデルを持ちやすくするために,ウィンドウシステムにおいてもユーザモデルが考えられている.これは,ユーザ中心の設計,例えば設計者が想定ユーザのデータを収集して多変量解析などの手法を用いて分析し,ユーザモデルを構築して,このモデルをもとに最適と考えるウィンドウ操作を設計した結果,わかりやすいシステムになっていると考えられる.

しかし,Windows を何年も使った熟練ユーザであっても,初めて Apple 社の

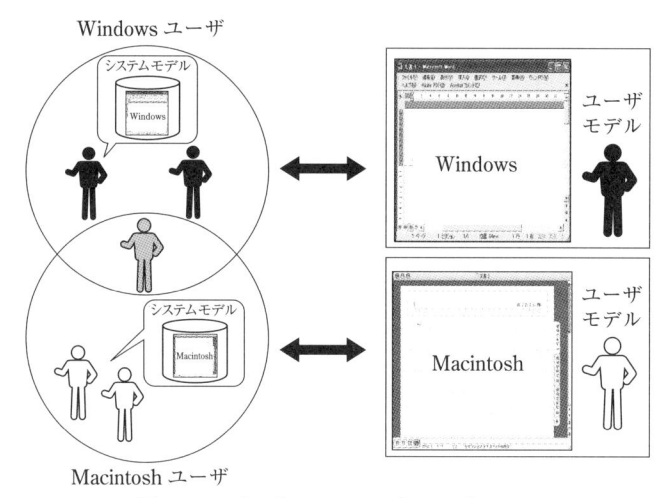

図6.1 ウィンドウシステムとユーザモデル

Macintoshを使う場合には戸惑うことになる．なぜであろうか．これは，Macintoshのウィンドウシステムのモデルをユーザが持っていないためである．すなわち，WindowsとMacintoshでは想定したユーザが異なっているためである．少なくとも，Windowsに慣れたユーザが使いやすいようにMacintoshが設計されているわけではないであろう．このようなシステムでは，想定した一人のユーザと同じユーザ層以外のユーザには対処できない．この手法は，マス・マーケティングと同じく，多くのユーザに合わせようという手法であり，「個客」には対応していない．一方，ユーザ適応システムではこれらとは逆に，システムがユーザ専用のユーザモデル，個客のモデルを構築する．

では，ユーザ適応システムのユーザモデルはどうあればよいのだろうか．当然，人の行動，嗜好などを正しくモデル化できる必要がある．前述のユーザの嗜好に合うコンテンツを推薦するシステムであれば，どういったユーザがどういった状況で，対象コンテンツに対する評価についてどういった評価構造をもち，意志決定するのかについて，正しくモデルに取り込む必要がある．それにはまず，ユーザ，状況，コンテンツを，それぞれモデルとしてどう表現するかという変数選択が必要である．ユーザに関する変数（ユーザ変数）としては，年齢，性別，購買

履歴などが挙げられる．また，状況を表現する変数（状況変数）としては，いわゆる TPO というような季節，時間，場所，天気がある．また，推薦されるコンテンツを表現する変数（コンテンツ変数）については，レストランを例にすると，レストランジャンル，ターゲットの客層，平均予算などで，音楽を例にすると，音楽ジャンル，年代などとなる．これらをどうモデルとして表現するかを考える必要がある．次に，ユーザがコンテンツをどう評価しているかということについて考える必要があるが，ユーザの評価は心の中の評価構造に基づいているため，観測できない変数，すなわち潜在変数となり，変数の候補すら容易に挙げられるわけではない．例えば，高揚感や安定度などが潜在変数となりうる．さらに，これら変数をもとにユーザがどう意志決定をしているかについて，モデル化する必要がある．

以上のような，特に心の中の構造については，認知心理学などの心理学分野の知見が参考になる．以降では，モデルに採用すべき評価構造や意志決定について，認知心理学で得られている知見について述べる．

6.2.2 評価構造

心理学者 G. A. Kelly は，「人間は経験を通じてコンストラクト・システムと呼ばれる各人に固有の認知構造をつくりあげ，その認知構造によって身の回りの環境や出来事を理解し，また，その結果を予測しようと努めている」というパーソナルコンストラクト理論（Personal Construct theory）を提唱した[6.13][6.14]．ここでいう「コンストラクト」とは，人間が目や耳などの感覚器で知覚した環境を意味のある世界として理解する際の認知の単位で，「値段が高い―安い」「おいしい―まずい」，「価値―コスト」といった形容詞的性格を持つ一対の対立概念により構成される．

これら様々なコンストラクトには，人それぞれの片方向の関係（リンク）が存在し，コンストラクトシステムを構成している．「値段が高ければおいしい」「値段が安ければまずい」といったようなコンストラクト間の包含関係を示す関係（含意リンク）と，「値段が高い―安い」は「価値」に属するという帰属の関係（帰

属リンク）がある．

　このコンストラクトシステムは個人の経験を通じて獲得され，修正，強化されることによって次第に形成されてくる．したがって，現在あるいは過去の生活環境や教育背景などが異なれば，コンストラクトシステムも異なってくる．コンストラクトシステムは個人の歴史や個性を表しており，個人差を生む原因について解釈を与えている．

　評価構造とは，この認知構造のうち価値判断に関連する部分である．価値判断に関して，Gutman は手段目的連鎖モデル（means–end chain model）[6.15]を提案しており，ブランドや商品の戦略立案のために，消費者の価値体系のモデルとして広く利用されている．これは，ブランドや商品の属性がより抽象的な目的のための手段となり，その抽象的な目的がさらに究極的な価値観を目的としたときの手段になっているというモデルである．さらにこのモデルでは，ブランドや商品などの持つ特徴である「属性」，商品の購買や使用によって得られる機能面の便益である「機能ベネフィット」，さらに得られる情緒面，心理面の便益であ

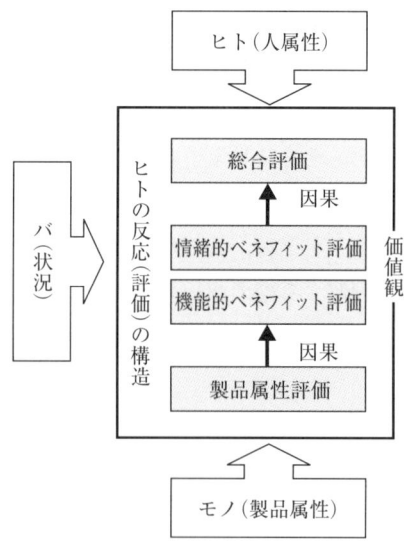

図 6.2　態度・行動反応モデル

る「情緒ベネフィット」，究極的目的を示す「価値観」の四つのレベルに分類できるとされている．

芳賀はこのモデルに対し，態度・行動反応モデルを提案している[6.16]．このモデルでは，客観的な製品属性と主観的反応として得られる物属性評価，あるいは客観的な人属性と主観的な反応として得られた価値観といった，客観的指標で測定可能な属性と主観反応との差を認識し，対応を同時にモデルに組み込んでいる．図6.2の太枠内が評価構造である．

6.2.3　多属性意志決定

人が商品・サービスについて購買するなどの決定をする場合，その複数の属性（多属性）について評価して意志決定を行っている[6.17]．この意志決定を予測するためにFishbeinは，多属性態度モデルを提案した．これは，対象iに対する嗜好に合う度合い，すなわち態度の値A_iは以下の式で表される．

$$A_i = \sum_{j=1}^{n} e_j b_{ij} \tag{6.1}$$

ここで，nは属性の総数，e_jは属性jの評価，b_{ij}はその対象が属性jを持つという信念の強さである．この態度の値が最も高い対象が，最も好まれると予測する．例えば，レストランを選択する場合を考えてみる．和食が好きで，予算が2,000円であり，雨天のためできれば駐車場が近くにある方がよいとする．表6.1のように近くに三つのレストランがある場合，各属性を考慮すると，この場合は「とんかつ南平台」を選択することとなる．

表6.1　レストランの例

属性＼レストラン	とんかつ南平台	ステーキ道玄坂	渋谷すし
カテゴリ	和食	洋食	和食
平均予算	1,800円	3,000円	1,500円
駐車場	あり	あり	提携あり

表6.2 主な決定方略

決定方略	属性間の補償	情報検索パターン
感情依拠型 (affect referal)	非相補型	その他
加算型 (additive)	相補型	選択肢型
加算差型 (additive difference)	相補型	属性型
連結型 (conjunctive)	非相補型	選択肢型
分離型 (disjunctive)	非相補型	選択肢型
辞書編纂型 (lexicographic)	非相補型	属性型
EBA型 (elimination by aspects)	非相補型	属性型

しかし，属性が多い場合には情報過負荷の状態になるため，多属性態度モデルでは予測能力に限界があることが知られている．そのため，選択肢の評価および決定をどのような心的操作の系列で行うかを表す決定方略が注目されている．

決定方略については，表6.2のように，様々なモデルが提案されている．まず，総合的な評価に対して属性間で補うかどうかの補償がある（相補型）か無い（非相補型）か，提示された順でコンテンツの選択を行っていく（選択肢型）か，全体から属性を見て決めていく（属性型）かといった情報検索パターンなどにより分類される．以下に，代表的な決定方略をあげる．

感情依拠型：過去の経験から最も好意的に思っているブランドを習慣的に選択する方略．

加算型：多属性態度モデルと等しい，すべての属性を加味する方略．

加算差型：属性ごとに評価値の比較が行われる．選択肢の数が3以上の場合はトーナメント方式で順次比較され，残ったものが選ばれる方略．

連結型：全属性の必要条件を最初にクリアした選択肢が選ばれる方略．

分離型：各属性に十分条件が設定され，一つでも満たせば，他の属性値に関わらず選択される方略．

辞書編纂型：最も重視する属性において最も高い評価値の選択肢が選ばれる方

略.

EBA(elimination by aspects)型：属性ごとに必要条件を満たすかどうかを検討し，必要条件を満たさない選択肢は拒絶されるという方略.

実際に人が物事を決定する場合には，これら単独の方略を選択するのではなく，複数の方略を組み合わせて決定を行っている．多数の選択肢がある場合には，非相補型で選択肢を絞り込み，残った選択肢を相補型で比較検討して，一つ選択することが知られている．

多属性態度モデルに従うと，評価するコンテンツを属性で表現して各属性を評価することで，コンテンツの嗜好度を判定するようなモデルが基本となる．また，ユーザのとる決定方略を予測できると，より正確なモデル化が期待できると同時に，ユーザが選択しやすいように提示方法を決定できる．

6.3 ユーザのモデル化手法

6.3.1 ユーザ適応システムの実現に必要な条件

ユーザモデルを構築する手法は，次節で紹介するように，統計分野や人工知能分野などから様々な手法が提案されている．ユーザ適応システムを実現するための手法に対する条件として，まず，システムの機能を満たせることが必要である．また，適したユーザモデルを構築できるように，要素となる変数に対応するデータの特徴に合致している必要がある．本節ではこれらの条件について述べる．

ユーザ適応システムは，以下の機能を実現する必要がある．

①適切なコンテンツの推定

ユーザモデルを使って，レストランや音楽などコンテンツプロバイダから提供されるコンテンツについて，ユーザやそのときの状況を考慮して，適したコンテンツを選択して推薦する「コンテンツ推定」ができることが必要である．

②ユーザモデルの構築

　コンテンツ推定のためのユーザモデルを構築する必要がある．このモデルにユーザの情報を入力することで，そのユーザの状況にあったコンテンツを推定することができる．ユーザモデルに前節で解説したような知見を取り込むことにより，精度の高い推定が可能になると期待できる．

③個々のユーザへの適応

　使用開始時から多様な嗜好を持つそれぞれのユーザに完全に適応させることは困難である．また，日々の経過とともに変化するユーザの嗜好に追従する必要もある．そのため，ユーザの操作などの相互作用をもとに個々のユーザを学習する「ユーザ適応学習」を行い，モデルの個性化を進めることが必要である．この機能により，ユーザが使えば使うほどシステムからの推薦内容がユーザの嗜好に合うようになる．

　また，ユーザモデルの要素となる変数には，ユーザ変数，状況変数，コンテンツ変数などが考えられる．これらの変数に対応するデータ，ユーザデータ，状況データ，コンテンツデータは，以下のような特徴を持つ．

①質的データ・離散値

　各データは，間隔尺度，比例尺度である量的データではなく，名義尺度，順序尺度である質的データになることが多い．また，連続値でなく離散値になることが多い．例えば，レストランのターゲットの客層には若者，女性，宴会などがあり，名義尺度で扱うことになる．

②多峰性を持つ分布

　データによっては多峰性を持ち，単一の正規分布で近似できない．例えば，レストランのターゲット客層などは多峰性を持つと考えられる．

③不完全データ

　モデルを構築するために利用できるデータは，十分な量を用意できない場合が多いと考えられる．一般にユーザモデルの構築には，ユーザと状況の組合せに対し，さらにコンテンツの組合せに対応した膨大な量のデータが必要になる．この

データ量の不足に対して，新たにインタビューやアンケートなどによりデータ収集をする場合には，すべての必要な組合せについてデータを取得することは困難である．さらにユーザ適応学習においては，個々のユーザからデータを取得することになるため，必要なデータ量を準備することは期待できない．結果，一部のデータが欠損した不完全データとなることが多い．

6.3.2　モデル化手法の比較

ユーザのモデル化手法としては，統計学，人工知能の分野から様々な手法が提案されている．統計学の分野では，ユーザのデータやそのユーザが置かれた状況のデータに対する，コンテンツのデータの対応関係をモデル化する手法として発達している．

人工知能の分野では，エージェント的なアプローチとして発達している．エージェントとは，エージェント自身の置かれている環境について環境モデルを持ち，エージェント自身の目的を果たすために環境との相互作用を通して環境モデルを環境に適応させることで，結果的にエージェント自身の能力を改善していくシステムである．この環境モデルのうち，ユーザに対するものがユーザモデルであり，このモデルの適応手法として発達している．

いずれにせよユーザモデルの構築は，ユーザの操作や行動の履歴から統計的に決定することになる．ある状況においてユーザに受け入れられたり拒否されたりしたコンテンツを記憶し，そのデータをもとにモデルを作成する．そのモデルを利用して，ユーザとユーザの置かれた状況からコンテンツの嗜好への適合度を求めて，推薦コンテンツを決定する．コンテンツの嗜好への適合度を求める方法として，大きく分けると，コンテンツとユーザの関係から決定する方法（協調フィルタリング）と，コンテンツからその特徴となる属性を抽出し，その属性を利用して決定する方法（コンテントベースフィルタリング）がある．前者の協調フィルタリングによる方法では，相関係数に基づく方法が基本的である．後者は従来より，統計学の分野からは共分散構造分析を用いる方法，人工知能の分野からはニューラルネットワークによる方法がある．さらには近年，ユーザのモデル化の

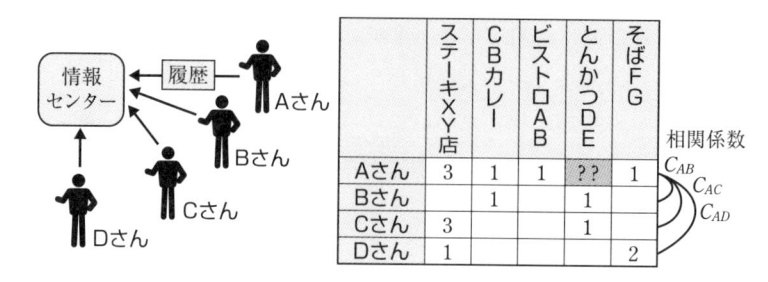

	ステーキXY店	CBカレー	ビストロAB	とんかつDE	そばFG
Aさん	3	1	1	??	1
Bさん		1		1	
Cさん		3		1	
Dさん		1			2

相関係数 C_{AB}, C_{AC}, C_{AD}

嗜好の度合い：AさんのとんかつDE ＝ Bさんのとんかつ$DE \times C_{AB}$
　　　　　　　　　　　　　　　　　＋Cさんのとんかつ$DE \times C_{AC}$
　　　　　　　　　　　　　　　　　＋Dさんのとんかつ$DE \times C_{AD}$

図6.3　協調フィルタリング

手法としても注目されているベイジアンネットワークがある．以下に，それぞれの代表的な手法の特徴と適用可能性について述べる．

(1) 協調フィルタリング

　協調フィルタリングは，インターネットにおけるコンテンツ推薦の技術として注目されている．この手法では，ユーザは似たようなコンテンツを好む他のユーザがとった行動と同じ行動，すなわちコンテンツ選択と同じ選択をするであろうと考える．これをモデル化することで，コンテンツを推薦する．具体的には，各ユーザ間でのコンテンツを受け入れた履歴の相関係数を計算し，それを重みとして対象コンテンツの履歴を足し込む．結果的に，ある程度多くの人に人気のあるコンテンツが推薦されることになる．特徴として，コンテンツの属性を特徴量として評価しなくてもコンテンツの推薦ができることがあげられる．一般には，多くのユーザからの大量のデータが必要であり，計算量が多くなる．そのため，クライアントサーバモデルでのシステムであれば，必然的にサーバ側での実装となる．推薦の精度は，該当コンテンツに対して似た履歴を持つユーザが他に多くいるのか，他のユーザの選択結果がどの程度参考になるかに依存する．また，コンテンツ数，取得できるデータ量，対象ユーザ数など，取得するデータに大きく依存する．ただし，原理的に誰にも評価されていないコンテンツについて，評価ができないといった問題がある．この問題に対しては，コンテントベースフィルタ

図中:
- 誤差変数
- 観測変数
- パス係数　予算 v_1　e_1
- 潜在変数　好み f_1　a_1　所持金
- a_2
- カテゴリ v_2　e_2
- 気分
- 構造方程式

$$\begin{bmatrix} f_1 \\ v_1 \\ v_2 \end{bmatrix} = \begin{bmatrix} 0 & 0 & 0 \\ a_1 & 0 & 0 \\ a_2 & 0 & 0 \end{bmatrix} \begin{bmatrix} f_1 \\ v_1 \\ v_2 \end{bmatrix} + \begin{bmatrix} 0 \\ e_1 \\ e_2 \end{bmatrix}$$

図 6.4　共分散構造分析

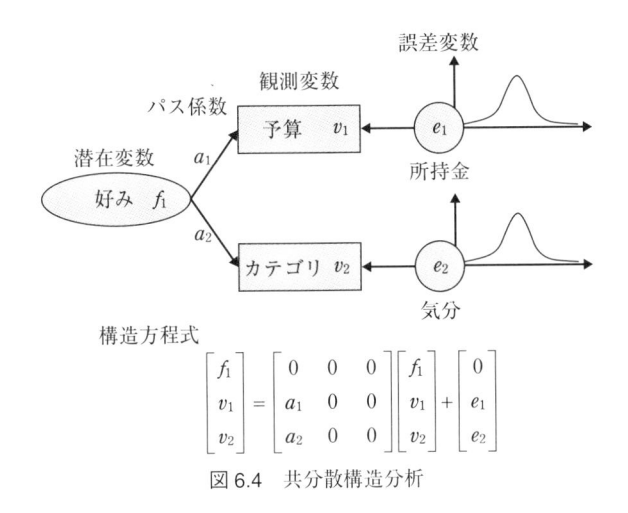

リングと組み合わせ，コンテンツの属性を利用するなどの中間的な対処方法が研究されている [6.19]．

(2) 共分散構造分析

共分散構造分析は，最近，調査・実験研究の解析手法として注目を集めている．気温，天気など観測できる状況データだけでなく，選択理由など潜在的な状況についても，コンテンツの属性に対する因果関係としてグラフ構造でモデル化できる．属性間の関係は，観測変数間の分散と共分散により求めるパス係数という母数により定量化する．これにより，コンテンツを選択した理由や特徴となった状況との関連を表現できるため，ユーザの評価構造を取り込んでより正確な決定を下すことが期待できる．ただし，データの正規性を仮定できることを前提としているため，ユーザやコンテンツなどのデータについて前提に対する検討が必要である．また，ユーザ適応システムに応用する場合，構築したモデルから状況とコンテンツの関連性に関する知識をシステムが得る方法を確立する必要がある．

(3) ニューラルネットワーク

ニューラルネットワークは，非線形現象のモデル化に利用できる技術である．多層パーセプトロンを逆誤差伝搬法で学習することで，任意の非線形の関係を表現できる汎用性の高い手法である．ユーザのモデルに対して，状況データなどか

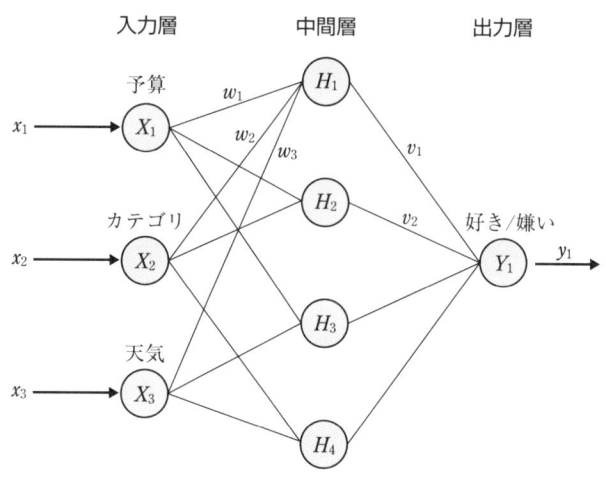

図6.5 ニューラルネットワーク

ら嗜好に合うコンテンツデータへ写像するモデルとして適用することになる．これらデータ間の関係が複雑になればなるほど，モデルの学習には大量のデータが必要となる．特にユーザ適応学習においては，充分なデータが得られるとは限らないので，得られるデータのみで修正できる部分を分離して学習させられるよう，モデルを分割して合成するようなアプローチが必要となる．ただし，本手法は中間層やネットワーク構造がブラックボックスであるため，モデルの正しさを定性的に理解することはできない．

(4) ベイジアンネットワーク

ベイジアンネットワークは，統計データに基づいて統計的学習によりグラフ構造を持つモデルを構築し，モデルにより確率推論を行う技術である．ユーザモデルへの適用に対して統計的学習によってユーザモデルの構築ができるとともに，個々のユーザへの適応が行えるという特徴がある．また，確率推論によりコンテンツ推定が行うことができる．

さらに以下のような特徴のもと，ユーザ適応システムへの適応を期待できる．

①ユーザモデルを構成する変数の特徴に適合

前節で挙げたユーザモデルの特徴に適合する．ベイジアンネットワークは任意の確率分布を扱えるため，多峰性を持つ分布をモデルに反映することができる．また，離散値での表現も容易である．不完全データに関しても，専門家によるドメイン（モデル化する対象の関係領域）に関する知識を演繹的にモデルに反映できるため，ある程度汎化性能を高めることができる．具体的には，変数間の依存関係を半順序関係としてモデル構造に，その関係の強さを事前確率として CPT（Conditional Probability Table）に反映できる．

②知見の利用が可能

すべての変数に意味を持たせることができる．したがって，モデルの可読性が高く，定性的な理解がしやすい．そのため，前節で解説したような評価構造などの知見をモデルに取り込めるとともに，設計者がモデルの正しさを直接確認することができる．

③ユーザの嗜好の不確定性への適合

嗜好は不確定性を持つと考えられる．人は，複数の状況に対して複数のコンテンツ属性を，様々な関連の強さにより決定していると考えられる．そのため，確率的な予測の有効性が期待できる．

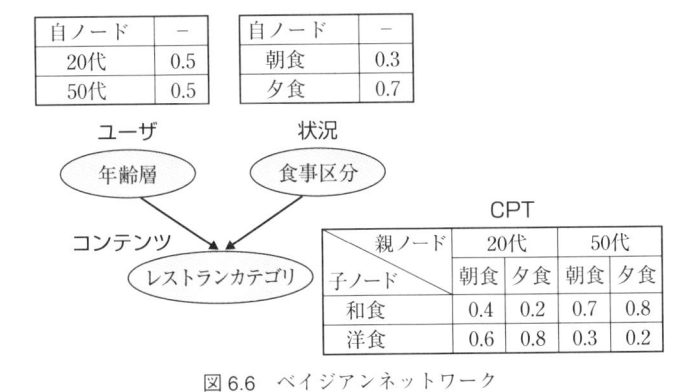

自ノード	−
20代	0.5
50代	0.5

自ノード	−
朝食	0.3
夕食	0.7

ユーザ： 年齢層
状況： 食事区分
コンテンツ： レストランカテゴリ

CPT

親ノード	20代		50代	
子ノード	朝食	夕食	朝食	夕食
和食	0.4	0.2	0.7	0.8
洋食	0.6	0.8	0.3	0.2

図 6.6　ベイジアンネットワーク

④システム構成の自由度が高い

ベイジアンネットワークは，システム構成には依存しない．つまり，システム構成によっては，学習や推論の機能をクライアント側にもサーバ側にも持たせることができる．例えば，ユーザ適応の対象は特定ユーザになるため，リアルタイムな状況変化に対応できるように，クライアントでの学習・推論機能の実装も可能である．

このようにベイジアンネットワークは，ユーザ適応システム，ユーザモデルの要件について多くの点を満たす手法であるといえる．次の節では，ユーザ適応システムに対してベイジアンネットワークを用いたユーザモデルの構築方法について述べる[6.20]．

6.4 ベイジアンネットワークによるユーザモデル構築

6.4.1 ユーザモデルの概略構造

ユーザ適応システムを実現するユーザモデルの概略構造を，ベイジアンネット

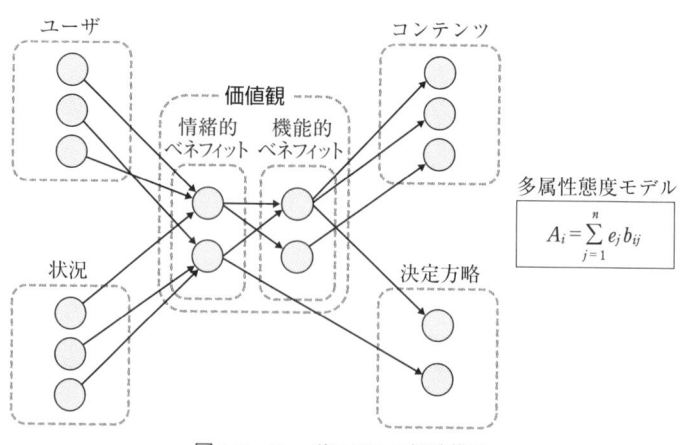

$$A_i = \sum_{j=1}^{n} e_j b_{ij}$$

図6.7 ユーザモデルの概略構造

ワークを用いて表してみる．まず，モデルの要素となる変数のうち，観測できる変数としては年齢，性別といったユーザの特徴を表すユーザ変数と，そのときの時間，天気など状況を表す状況変数があり，これらが説明変数となる．一方，多属性態度モデルを採用すると，予測する変数は，レストランであればそのカテゴリや予算など，音楽であればジャンルや年代などがコンテンツの属性を表すコンテンツ変数となる．加えて，コンテンツ変数から態度を予測する決定方略を示す変数についても予測するため，これらが目的変数となる．さらに，これら変数に対して，潜在変数となる評価構造を取り込む．すると，図 6.7 にあるような大別して五つの変数群からモデルが構成できる．

このベイジアンネットワークモデルを用いて確率推論を行うことで，ユーザの嗜好に合ったコンテンツを推薦できる．さらに，ユーザとの相互作用の履歴を例からの学習により統計的に学習することで，使えば使うほど嗜好に合うユーザ適応システムが実現できる．

6.4.2　モデル構築の基本的手法とその課題

ベイジアンネットワークのモデルを構築するためには，各ノードにおける CPT とグラフ構造を決定する必要がある．

CPT を決めるためには，まず必要なノード候補の抽出が必要である．基本的にはユーザの嗜好を分類できるノードを，ユーザ属性，状況属性，コンテンツ属性などから意味的な関係を考慮して抽出する．しかし，生データとして得られるデータは多くの属性を持ち，その属性を表す変数の持つ状態も簡単には決められない．また状態としては，例えば「年月日」としても，それを曜日として捉えるか平日休日として捉えるかなど，様々な意味的な解釈ができるので，どのようなノードとすべきかの判断が必要である．

グラフ構造を決めるためには大きく分けて二つの方法がある．

まず，意味的に因果関係を表現するという立場からモデル構造を構築するには，「ノードを加える正しい順序は，『根元的原因』を最初に加え，次いでそれが影響を与える変数を加え，この作業を他変数に直接的に因果的影響を与えることのな

い『葉』にいたるまで繰り返す.」方法がある[6.21].しかし,すべてのノードの半順序関係を決定できるように知識の充足をすることは困難である.例えば,年齢,運転歴であれば,年齢から運転歴にリンクが張られることはわかる.しかし,同居人数と同居世帯数の間には,関係はあるが,どちらが原因になるかは不明である.

　もう一つの方法は,学習データから情報量規準を用いて決めるK2アルゴリズムなどの方法である(2.3.2参照).ノードを連結する場合に,子ノードの情報量規準の値がよくなるような組合せを探索してグラフ構造を決める.しかし,情報量規準だけでは,意味的な因果関係に合うようにリンクの向きを決めることが困難となり,さらに擬似相関のような関係であってもリンクが存在することにしてしまう.また,親ノードによっては,子ノードのクロス集計表(Cross Tabulation Table)のセルに対し,学習データが「ない」もしくは「少ない」という不完全データになる場合があり,情報量規準の値が当てにならなくなる.さらに,情報量規準には様々な規準が提案されているが,適用については決定的な規準がなく,応用対象に応じて選択する必要がある.そこで次の節では,以上のような課題を解決するモデル構築について解説する.また,ユーザ適応においては,ユーザとの相互作用の結果をもとにシステムが自律的にモデルをユーザに適応させていく必要がある.しかし前述のとおり,学習データが十分蓄積できるとは限らない.この解決法については,6.6節で解説する.

6.5　モデル構築手法

6.5.1　LK法

　ここでは,ユーザの嗜好の表現に必要なノードの候補を選定した後,学習データからの情報量規準を使ったモデルを構築する方法と,対象ドメインにおける因果関係に関する知識を反映してモデルを構築していく方法を融合したモデル構築手法として,LK†法について解説する.図6.8にアルゴリズム全体を示す.

6.5 モデル構築手法　　101

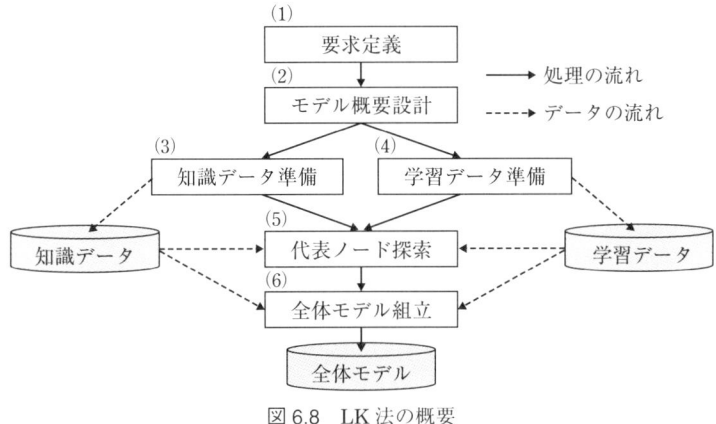

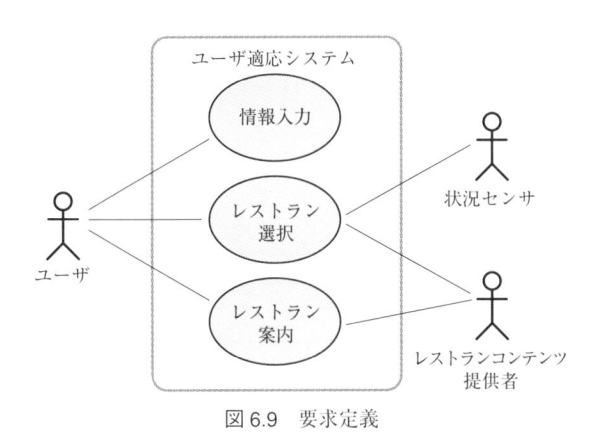

図 6.8　LK 法の概要

図 6.9　要求定義

(1) 要求定義

要求定義では，システムに対するユーザの要求をユースケース (Use Case) として定義し，モデル化したい対象を明確にする．ここでユースケースとは，オブジェクト指向ソフトウェア開発における表記法として普及している UML[††]で定義されている，システムの振る舞いを指定する表現方法である（図 6.9）[6.22]．

[†] LK 法：Learning model using domain Knowledge
[††] UML：Unified Modeling Language

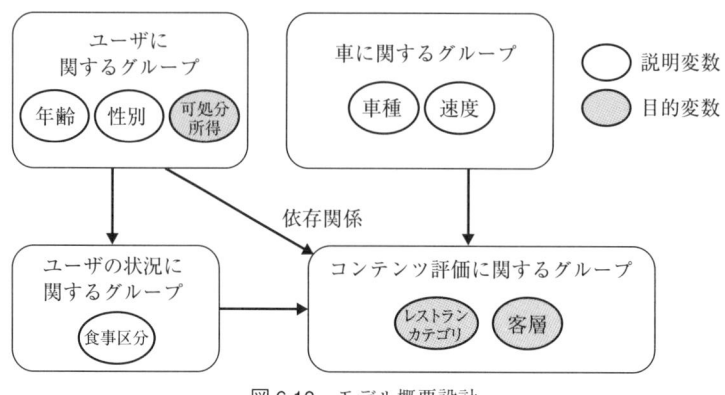

図6.10 モデル概要設計

(2) モデル概要設計

　ユースケースを分析することにより，モデル構造の概略設計を行う．設計では，説明変数と目的変数を決定する．また，これらのうち観測変数と潜在変数についても明確にする．このとき，意味的に依存関係が強い変数をグループ化し，グループ間での依存関係を定義する．例えば，ユーザに関する変数，自動車に関する変数などでグループを作る（図6.10）．

表6.3　知識データ準備

半順序関係の例

親ノード\子ノード	年齢	性別	可処分所得
レストランカテゴリ	TRUE	TRUE	TRUE
客層	FALSE	TRUE	FALSE

事前確率の例

親ノード\子ノード	男性		女性	
	朝食	夕食	朝食	夕食
和食	0.7	0.6	0.3	0.4
洋食	0.3	0.4	0.7	0.6

(3) 知識データ準備

知識データ準備では，以下のようなドメインの知識から知識データを準備する．
・専門家の知識：対象ドメインの専門家の知識．
・ユーザの知識：対象ユーザのインタビューやアンケートにより獲得する知識．
・設計者の知識：変数間の原理的な因果関係，常識など．

知識データは変数間の依存関係として，半順序関係や事前確率として準備する．

表6.1の半順序関係の例では，親ノードから子ノードへの関係がある（TRUE）・なし（FALSE）を示している．例えば，年齢によってレストランカテゴリに関する嗜好が異なること，つまり年齢とレストランの嗜好に関連が見られることを示している．事前確率の例では，性別，食事の関係が収集する学習データとは別にあらかじめわかっていることを示しており，表にはその確率を示している．

(4) 学習データ準備

学習データ準備では，モデル構築に必要な学習データを準備する．データの準備は，モデル構築全体の中で最も多くの時間がかかる作業である．また，構築するモデルの善し悪しを決定づける重要な作業である．分析のためのデータの収集後，レコードの再集計，データの洗浄，データの補強を行い，ノードの候補を決定する．

①レコードの再集計

収集したデータ（生データ）は，そのままではモデル構築に用いるデータの分類にはなっていない．そのため，時間，空間，対象の分類により，構築に用いるレコードを再集計する．

②データの洗浄

外れ値，欠損値，不整合なデータを修正する．データを削除するか補完するかを決定して，データを処理する．

③データの補強

収集したデータ以外からのデータを参照して，データを加える（マージする）．

(5) 代表ノード探索

モデル概要設計に基づき，各グループ単位で部分モデルを構築し，代表ノードを探索する．代表ノードとは以下のようなノードで，グループの情報を代表する独立したノードである．

・各部分モデルの最上位の親ノード
・単独の独立したノード

部分モデルは各グループ内の変数の中で，データから学習してモデルを構築する．同時に，知識データを取り入れてモデルの改善を図る．

(6) 全体モデル組立

代表ノードを中心に部分モデルを結合して，全体モデルを組み立てる．ここでも，学習データ間の依存関係に加えて知識データを利用する．

6.5.2 代表ノード探索

LK 法の特徴的な部分である，代表ノード探索について詳述する．

代表ノード探索は，大きく二つの部分からなる（図 6.11）．前半①②③はグループ内の変数 V_n の中で，各子ノード X_i に対して，親ノードの候補 $pa_1(X_i)$ を絞り込む処理である．後半④⑤は，子ノード X_i に対して $pa_1(X_i)$ より親ノードを探索し，部分モデルを構築する処理である．

①子ノード選択

子ノード $X_i \in V_n$ について，親ノード集合 $pa(X_i) = \{X_k | V_n / X_i\}$ から選択して 1 対 1 のモデル $B(X_k \to X_i)$ を作る．ここで，矢印はリンクの向きを示す．

②学習データによる採用判定

学習データから条件付確率を学習し，モデルの評価規準である情報量規準 IC を評価する．このとき，

$$IC(B(X_k \to X_i), S) < IC(B(X_i), S) \tag{6.2}$$

である場合は，X_k を親ノード候補とする．ここで左辺は子ノードについての情報量規準を表し，S は学習データを表す．また，情報量規準では値がより小さ

6.5 モデル構築手法

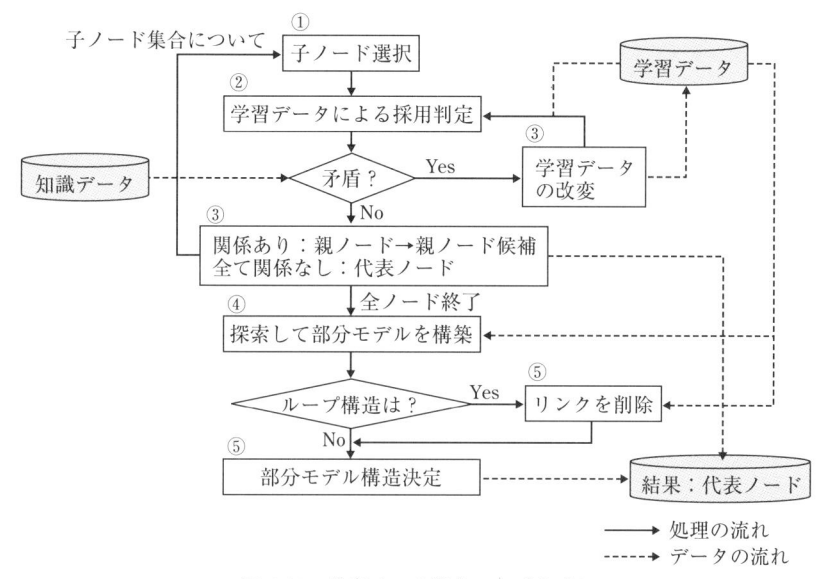

図 6.11 代表ノード探索アルゴリズム

いモデルを良いモデルと判断する．なお，事前確率が知識データでわかっている場合は，それを子ノード X_i に設定する．

情報量規準には，AIC，MDL など様々な規準が提案されている．例えば，AIC であれば以下のように計算する．

$$AIC = -2\sum_i \sum_j \{CTT(i,j) \log CPT(i,j)\} + 2(i-1)j \tag{6.3}$$

ここで $CTT(i,j)$ および $CPT(i,j)$ は，それぞれクロス集計表および CPT の i 行 j 列の値である．第1項は対数尤度であるデータへの一致のよさを表し，第2項はフリーパラメータの数であり，学習データへ一致しすぎること（オーバフィッティング）を防ぐ役割を持つ．

③ノード間の依存関係判定での知識データの活用

ノード間の依存関係の有無を，半順序関係を指定した知識データと比較する．関係の有無に矛盾がある場合は学習データの改変を実施し，再度リンクを評価する．改変では，他ノードとの合成やノードの分割，さらには状態の分割・統合を

① 子ノード選択
　1. ノードを組み合わせてモデルを構築

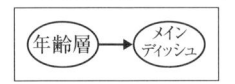

　　（年齢層 → メインディッシュ）

　2. CPTの作成

CTT（学習データより）

親ノード＼子ノード	20代	50代
魚	10	17
肉	10	3

正規化 →

CPT

親ノード＼子ノード	20代	50代
魚	0.50	0.85
肉	0.50	0.15

j番目 / i番目

② 学習データによる採用判定
　　情報量基準値の向上で判定

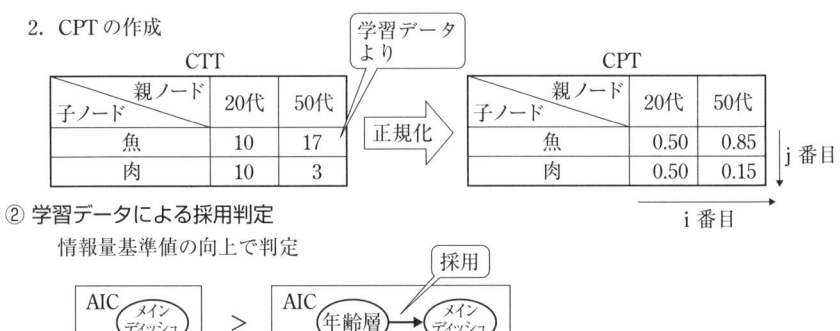

　　AIC（メインディッシュ） ＞ AIC（年齢層 → メインディッシュ）　採用

③ ノード間の依存関係判定での知識データの活用
　1. 知識データと矛盾するリンク発見

学習データでの関係：（性別 → レストランカテゴリ）　矛盾

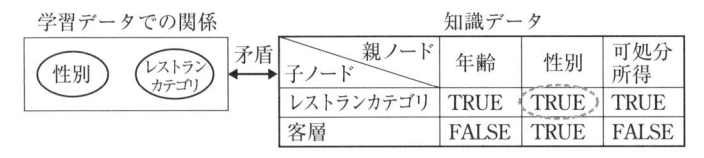

知識データ

親ノード＼子ノード	年齢	性別	可処分所得
レストランカテゴリ	TRUE	TRUE	TRUE
客層	FALSE	TRUE	FALSE

　2. 矛盾するリンクについて，CTTを修正

レストランカテゴリ

親ノード＼子ノード	男性	女性
和食	4	3
フレンチ	0	0
イタリアン	1	5
中華	5	2

修正 →

親ノード＼子ノード	男性	女性
和食	4	3
洋食	1	5
中華	5	2

データが不足している部分を統合

　3. 情報量基準により確認

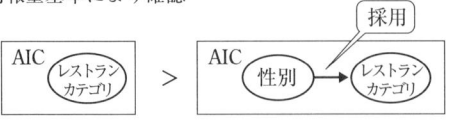

　　AIC（レストランカテゴリ） ＞ AIC（性別 → レストランカテゴリ）　採用

図 6.12　代表ノード探索（前半）

6.5 モデル構築手法

行う．例えば図 6.12 のように，性別に対するレストランカテゴリの関係が知識データと矛盾していることを発見し，レストランカテゴリのクロス集計表を修正する．ここではフランス料理が不足しているため，洋食として統合する．修正した結果で情報量規準の確認を行い，採用するかどうかの確認を行う．なお，改変を実施しても矛盾がなくならない場合は，知識データがあいまいな情報であったものと理解して，原則的にデータから得られた関係に従う．以上の判定により，関係があった親ノードを新たな親ノード集合 $pa_1(X_i)$ とする．なお，一つも親ノード候補がなかった場合は，その子ノードを代表ノードとする．

④部分モデル構築

K2アルゴリズムと同じように，子ノードに対して $pa_1(X_i)$ の範囲で

$$X_1^* = argmin_k IC\,(B\,(X_k \to X_i), S) \tag{6.4}$$

より出発して，情報量規準で最も評価がよくなる親ノード集合 $pa_2(X_i)$ を探索する．これを，前半で代表ノードにならなかったすべての子ノードについて繰り返していく．すると，その子ノードの数だけ2レベルの部分モデルができる．これを図 6.13 の1および2に示す．

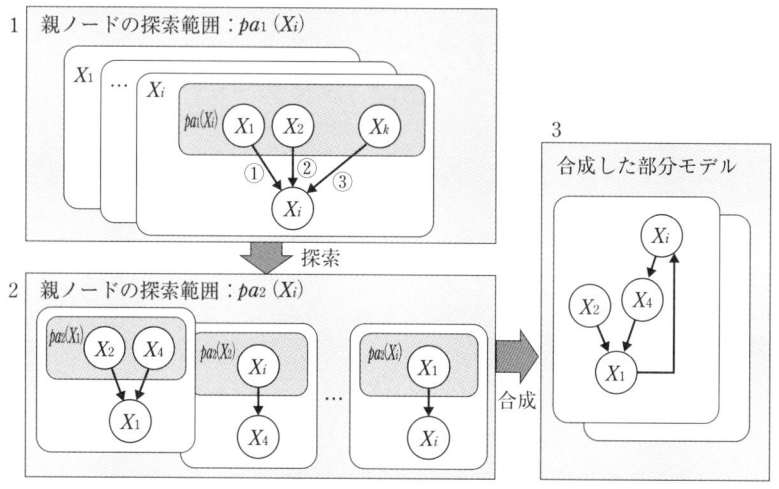

図 6.13　代表ノード探索（後半）：部分モデル構築

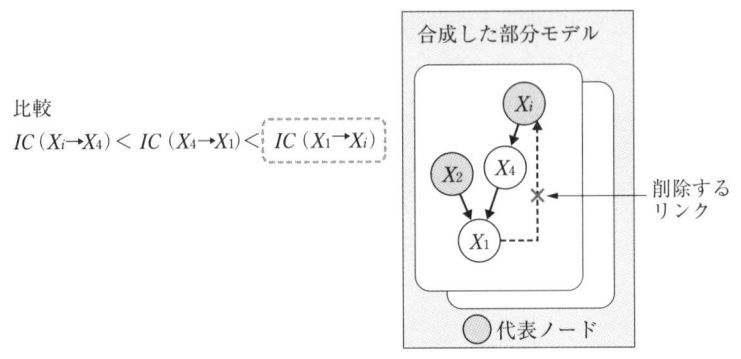

図 6.14　ループ構造におけるリンクの削除

⑤部分モデル構造決定

④で構築した部分モデルを図 6.13 の 3 のように，単純に合成して複数の部分モデルを組み立てる．ここで，リンクが循環するような構造ができた場合は，図 6.14 のように情報量規準の評価への影響が少ないリンクを削除する [6.23]．

以上により各部分モデルを完成させ，結果として代表ノードを発見する．

6.5.3　全体モデル組立

もうひとつの特徴的な部分である全体モデル組立について説明する．全体モデルの組立は，基本的に代表ノード探索と同じ手順であり，前半（①～③）において探索するノードの組合せのみが異なる．

前半で探索するノードの集合は，モデル概要設計で設計したグループ間の依存関係における親側と子側の組合せである．

①代表ノード間での子ノード選択

代表ノードである子ノードに対して，代表ノードである親ノードで 1 対 1 の依存関係の探索を行う．これを図 6.15 の①～④で示す．知識データとの矛盾を解消した後，関係がある場合は親ノード候補となる．しかし，関係が一つもない場

6.5 モデル構築手法

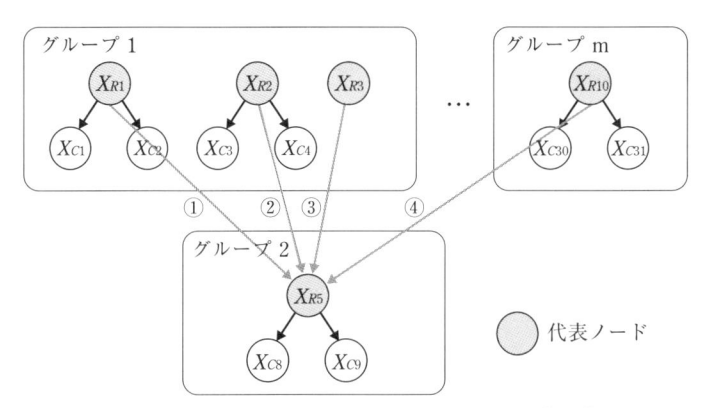

図6.15 全体モデル組立 ノード探索範囲1 ①〜④

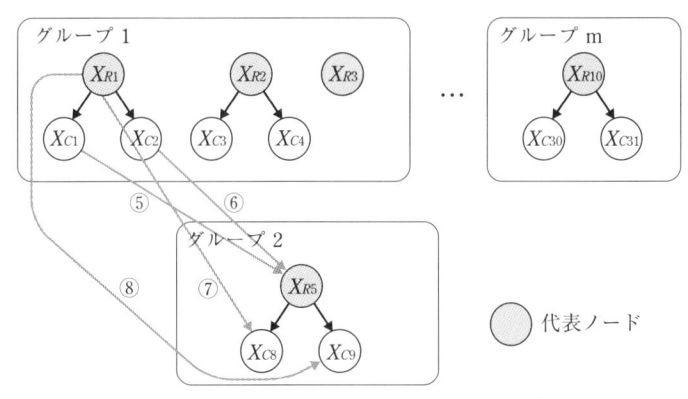

図6.16 全体モデル組立 ノード探索範囲2 ⑤〜⑧

合は，親ノードを探索する探索範囲を代表ノードである親ノードの子ノードに広げて，再度探索を図6.16の⑤，⑥のように行う．さらに関係がない場合は，探索する子ノードを代表ノードである親ノードの子ノードにして探索を広げ，図6.16の⑦⑧のように繰り返す．

②全グループについて探索

依存を持つすべてのグループ間で以上のような探索を実施して，前半を終了する．

6.6 ユーザ適応手法

6.6.1 概要

　ユーザ適応とは，システム使用開始後にユーザとの相互作用をもとにユーザ適応学習を行うことで，システムが自律的にモデルをユーザへ適応させていくことである．この手法をユーザ適応手法と呼ぶ．使用開始時に良い精度で推薦ができ

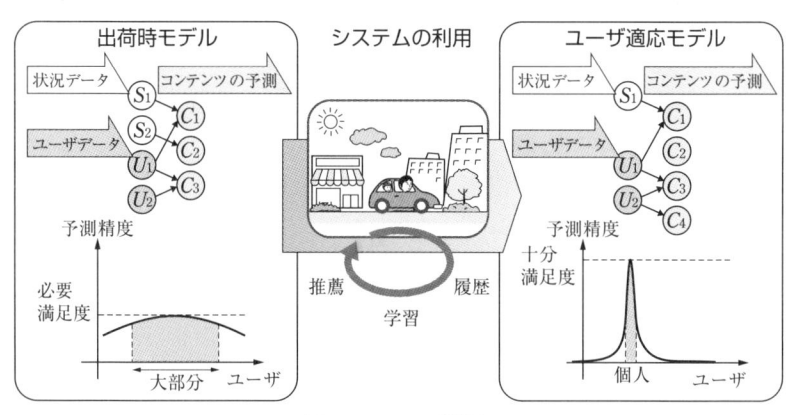

図 6.17　ユーザ適応

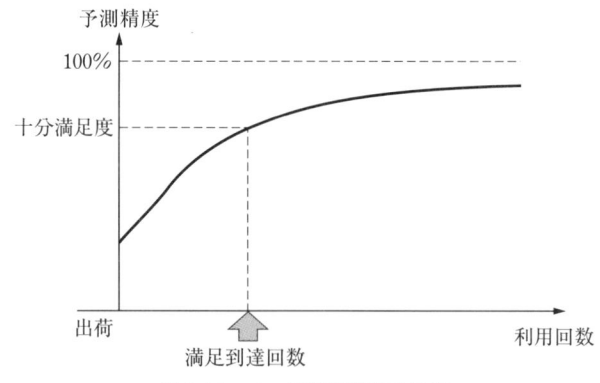

図 6.18　ユーザ適応学習の目標

なかったユーザに適応することや，年月とともに変化していくユーザの嗜好に追従していくことに対しても，ユーザ適応手法を用いて対応できる．適応にあたっては，ユーザとシステムの間における相互作用の履歴を利用する．相互作用としては，システムが推薦したコンテンツに対してユーザから推薦が成功したかどうかという明示的なフィードバックを得られる場合もあれば，推薦したコンテンツを単に利用しただけというような必ずしも明示的でない場合もある．

ユーザ適応学習の目標は，まずユーザが利用していくと予測精度が向上していくことにある．さらに，ユーザがある程度の回数システムを利用するまでに，予測精度が満足のレベル（十分満足度）まで上がることも必要である．これらは，すべてのユーザに対して達成することが目標となる．

ただし，ユーザからの推薦に対する反応の情報など，学習に使用できる履歴データは必ずしも多くない場合がある．その場合でも，多様なユーザにそれぞれ高い予測性能を示すことが必要である．

6.6.2　ユーザ適応学習

ユーザ適応を実現するためには，ユーザの履歴データ（追加データ）を利用し，使用開始時のモデル（出荷時モデル）に対して追加学習によりユーザ適応学習をして，ユーザ固有のモデル（ユーザ適応モデル）を構築することになる．追加学習といっても基本的にはモデル構築であり，構造を探索し，CPTを学習することになる．しかし，ユーザ適応時にはシステム的な制約事項がある場合が多いため，制約事項によってとりうる方法が変わってくる．例えば，追加学習を行う計算機がユーザの近くにあるクライアント端末にある場合は，設計者が介在できるとは限らない．リソースの制約も厳しくなる．以下に，いくつかの代表的な方法をあげ，制約事項との関係を述べる．

(1) 知識データを活用する方法

前節で述べたようなモデル構築の過程で，専門家などの新しい知識データを積極的に活用する方法である．この方法は，ユーザ適応時にもモデルの学習に設計

者が介在できる場合に実施することができる．介在の方法としては，設計者側で各ユーザ個別にモデルを学習して入れ替える方法，設計者側で個人に特化した知識データを半順序関係として構造探索の探索範囲を追加学習する端末へ送る方法などがある．

(2) モデル構造を学習する方法

設計者が介在できない場合，データのみから構造を学習する必要がある．

ユーザ適応時に充分な追加データを得られるのであれば，K2アルゴリズムなどにより構造学習を行えばよい．しかし，前節で述べたように個々のユーザが対象であるため，必ずしも多くの追加データを得られるとは限らない．一般に，少ないデータから最適な構造を見つけることは容易ではない．例えば，説明変数と目的変数を各3とした6ノードのベイジアンネットワークでさえ，構造のパターンは$(\sum_{i=0}^{3} C_i)^3 = 512$通りにのぼり，この中から最も性能の良いパターンを見つけるという問題になる．さらに，説明変数と目的変数を各4として8ノードのベイジアンネットワークになると，65,536通りになる．このように多くの候補から構造を選択することになるため，サンプルが少ないと正しい判断はできない．

そのため，あらかじめ構造の探索範囲を絞り込んでおく方法，いわゆるモデルに「改良」を施すような方法が考えられる．例えば，モデルの中で，個人差が出る部分を指定しておいて，該当部分だけで学習を行うといったように，探索の範

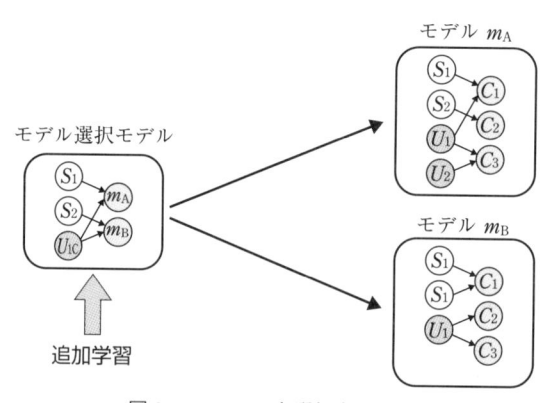

図 6.19 モデルを選択する方法

(3) モデルを選択する方法

ユーザモデルがいくつかのパターンに分かれることがわかっている場合がある．本方法は，そのパターンに合わせてモデルを用意しておいて，パターンを選択させる方法である．コンテンツに対するユーザのセグメントが明確に分かれており，セグメント内ではユーザモデルがあまり変わらないような場合などに適用できる．パターンの選択には，モデル選択モデルを用いる．このモデルでユーザにあったモデルを選択することで，ユーザ適応できる．また，状況によってパターンが切り替わるような場合は，状況に対するユーザモデルの関係，すなわちモデル選択モデルを学習する方法がある．

パターンが多くなければ，追加データが比較的少なくとも学習が可能である．また，計算機リソースが少ないクライアント端末でもユーザ適応ができる．

(4) CPTを追加学習する方法

ユーザモデルの構造を変更せず，CPTのみを更新する方法（CPT追加学習）である．初期状態のユーザモデルは，知識やデータの整合性を考慮して構築した構造となっている．そのため，ユーザ適応時に少ないサンプルでモデル構造を評価したものより，多くのユーザにとってよりよい構造になっているであろうという考えに基づく方法である．

追加データが少ない場合でも，出荷時モデルにおけるCPTの値を事前確率として利用することができる．

計算量が少ないため，計算機リソースが少ないクライアント端末でもユーザ適応が可能である．

以上のような方法をもとに，ユーザ適応を行うためのシステム構成，追加学習に利用できる計算機リソース，追加学習に利用できるデータ量などを考慮し，選択したり組み合わせたりしてシステムに適用する．

次節では，多くの場合に汎用的に利用できるCPT追加学習について説明する．

6.6.3　CPT追加学習方法

CPT追加学習について，まず具体例にて特定ユーザのデータを観測し，出荷時モデルに対してCPTを追加学習する方法を示す．

図6.20の中央の図のように，s_1からc_1へのリンクについて追加データが観測されたとする．この離散的な観測データをクロス集計表にまとめる．例えば，$s_1=1$に対して$c_1=1$は4回観測されている．他のリンクについても同様の作業を行う．

続いて，出荷モデルのCPTを事前知識として導入する．これに観測データのクロス集計表を加算して，追加学習後のクロス集計表が計算できる．例えば，s_1に対するc_1は$12+4\times2=20$となる．最後に，総和が1となるように確率を正規化し，CPTとする．これは，出荷時モデルを事前分布とおいたときのベイズ学習と考えることができる．

ここで，追加データのクロス集計表の値に一定の倍率をかけている．これは，出荷時モデルに対して追加データをどの程度重視するかというパラメータである．

以上を整理すると，CPT追加学習の手順は以下である．

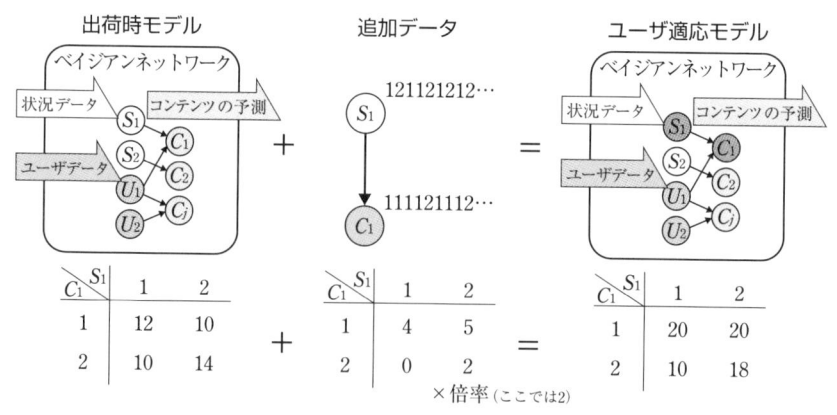

図6.20　CPT追加学習

① ノードを一つ取り出す．
② ①のノードに対して追加データのクロス集計を行う．
③ ②のクロス集計結果に倍率係数 α を掛け算し，出荷時モデルのクロス集計に加算する．倍率係数は，母集団のサンプル数と追加データのサンプル数で正規化し，母集団比として用いる．
④ ③を確率に正規化し，CPT とする．
⑤ ①～④の処理を，学習対象のベイジアンネットワークの全ノードにわたって繰り返す．

6.7 さらなる研究のために

本章では，ユーザ適応システムへの応用について述べた．さらなる研究を進めるために，参考となる学術情報について紹介する．

まず，ベイジアンネットワークに関する理論やアルゴリズム的な部分に興味を深める場合，次の団体や学会，研究会の成果が参考となる．

UAI（Conference on Uncertainty Artificial Intelligence）
IJCAI（International Joint Conference on Artificial Intelligence）
ICML（International Conference on Machine Learning）
NIPS（Neural Information Processing Systems Conference）

また，データマイニング分野については

KDD（ACM SIGKDD International Conference on Knowledge Discovery and Data Mining）
ICDM（IEEE International Conference on Data Mining）

などが参考になる．さらに，本章に関連が深いユーザモデルに関しては，

UM（International Conference on User Modeling）

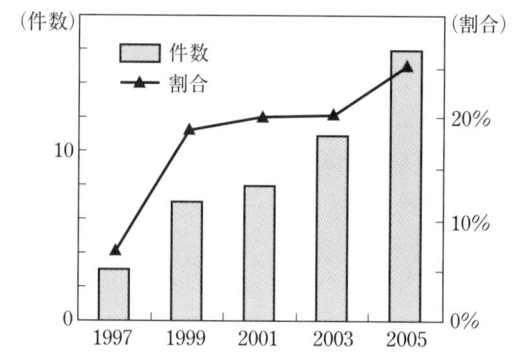

図 6.21　UM におけるベイジアンネットワーク関連論文の動向

が参考になる．

　ここで，UM での論文の動向をもとに，ユーザモデリング分野におけるベイジアンネットワーク研究の動向をまとめる．

　図 6.21 に，UM におけるベイジアンネットワークを扱った論文件数の動向を，件数（ショートペーパーを含む）とともに全論文中での割合で示す．近年，件数，割合とも非常に増えており，ベイジアンネットワークがユーザモデリング分野での標準的技術になりつつあることがわかる．UM 97 では，オンライン学習システムのヘルプシステムにおける学生のモデルにベイジアンネットワークを応用した論文 [6.24] や，ロールプレイングゲームのプレイヤについて場所，行動にクエスト（ゴール）を含んだ内部モデルを加えて DBN（Dynamic Bayesian Network）でモデル化した論文 [6.25] などが採択されていた．いずれも特定のアプリケーションを扱い，限定的な評価にとどまっていた．近年は，アプリケーションとしては Web の世界はもちろんのこと，実世界を対象にしたものが盛んになってきている．その代表的なものは，4.1.7 でも紹介した Microsoft の研究である．この研究は，場所などのコンテキストからリアルタイムにユーザの理想的な行動を推論して行動を推薦するモバイルユーザ向けスケジュール管理システムや [6.26]，ユーザの状況センサを用いてインタラクションを適応させるシステム，例えばユーザの受け答えや生理データから擬人化エージェントの感情生成を

行い，インタラクションのストレスを軽減するシステムなどがある［6.27］．また，ユーザの内部の意図や感情に踏み込んでモデル化し，システムとのインタラクションを対象とした研究も増えている．さらに，内部状態としてユーザの感情を取り込むだけでなく，エージェントの内部状態（感情）の両方を取り込んで，インタラクション（オンライン学習システムを対象）をDBNでモデル化する研究などに発展してきている［6.28］．さらに評価についても，実ユーザで行う実用的な評価の結果までを示す論文が増えてきている［6.27］［6.28］．

このように，ベイジアンネットワークはユーザモデリング分野において標準技術となってきている．今後ユビキタス情報社会において，ユーザとインタラクションするシステムはユーザ適応システムであることが必要になってくる．ユーザ適応システムに利用できるベイジアンネットワークは，システムのユーザが住む実世界とシステムが作るバーチャルな世界をつなぐ技術として，急速に応用範囲が広がっていくであろう．

参考文献

[6.1]　M. Pazzani, J.Muramatsu and D.Billsus,"SYSKILL & WEBERT：Identifying interesting web sites", Proceedings of the Thirteenth National Conference on Artificial Intelligence, pp.54-61, Portland, OR, AAAI Press, 1996

[6.2]　K. Lang,"NEWSWEEDER：Learning to filter news", Proceedings of the Twelfth International Conference on Machine Learning, pp. 331-339, Lake Tahoe, CA , Morgan Kaufmann, 1995

[6.3]　G. Boone, "Concept features in Re：Agent, an intelligent email agent". Proceedings of the Second International Conference on Autonomous Agents, pp. 141-148, Minneapolis, MN：ACM Press,1998

[6.4]　Y. Lashkari, "Feature-Guided Automated Collaborative Filtering", MS Thesis, Massachusetts Institute of Technology, Media Arts and Sciences, 1995

[6.5]　U. Shardanand and P. Maes, "Social information filtering：Algorithms for automating 'word of mouth", Proceedings of the Conference on Human Factors in Computing Systems, pp.210-217, Denver, CO：ACM Press, 1995

[6.6]　amazon.com, http：//www.amazon.com, 2006

[6.7]　L. A. Hermens and J.C.Schlimmer,"A machine-learning apprentice for the completion of repetitive forms", IEEE Expert 9, pp.28-33, 1994

[6.8]　L. Dent, J. Boticario, J.McDermott, T. Mitchell and D.Zaborowski,"A personal learning apprentice", Proceedings of the Tenth National Conference on Artificial Intelligence, pp.96-103, San Jose, CA：AAAI Press, 1992

[6.9]　A. Cypher,"EAGER：Programming repetitive tasks by example", Proceedings of the Conference on Human Factors in Computing Systems, pp.33-39, New Orleans：ACM, 1991

[6.10]　P.T. Baffes and R.J.Mooney, "A novel application of theory refinement to student modeling", Proceedings of the Thirteenth National Conference on Artificial Intelligence, pp.403-408. Portland, OR：AAAI Press, 1995

[6.11]　S. Rogers, C. Fiechter and P.Langley, "An adaptive interactive agent for route advice", In Proceedings of the Third International Conference on Autonomous Agents, 1999

[6.12]　G. Linden, S. Hanks and N. Lesh, "Interactive assessment of user preference models : The Automated Travel Assistant", Proceedings of the Sixth International Conference on User Modeling, pp.67-78, Chia Laguna, Sardinia : Springer, 1997

[6.13]　G.A. Kelly, "The Psychology of Personal Constructs", Norton, 1955

[6.14]　讃井純一郎「レパートリ発展手法による住環境評価構造の抽出」日本建築学会計画系論文報告集, pp.15-22, 1986

[6.15]　J. Gutman, "A means-end chain model based on consumer categorization process", Journal of Marketing, 46, pp.60-72, 1982

[6.16]　芳賀麻誉美「調査は製品開発に役立つのか？～3-Step Research による統合的製品開発～」マーケティング・ジャーナル, No.98, Vol.25 (2), 2005

[6.17]　杉本徹雄編『消費者理解のための心理学』福村出版, 1997

[6.18]　M. Fishbein, I.Ajzen, "Belief, attitude, intention and behavior : an introduction to theory and research", Addison-Wesley, 1975

[6.19]　M. Balabanovic and Y. Shoham, "Fab : content-based, collaborative recommendation", Communications of the ACM, Vol.40, No.3, pp.66-72, 1997

[6.20]　岩崎弘利, 水野伸洋, 原孝介, 本村陽一「ユーザの好みに合わせてコンテンツを推薦するカーナビへのベイジアンネットの適用」信学技報, NC 2004-55, pp.25-30, 2004

[6.21]　S. Russell and P. Norvig, "Artificial intelligence, A modern approach", Prentice Hall, 1995（邦訳：古川康一監訳『人工知能：エージェントアプローチ』pp.439-473, 共立出版, 1997）

[6.22]　オージス総研オブジェクトの広場編集部, 『その場でつかえるしっかり学べる UML 2.0』秀和システム, 2006

[6.23]　H. Peng and C. Ding, "Structure Search and Stability Enhancement of Bayesian Networks", Proceedings of the Third IEEE International Conference on Data Mining（ICDM 03）, pp.621-624, 2003

[6.24]　C.Conati, A.S.Gertner, K. VanLehn and M.J. Druzdzel, "On-Line Student Modeling for Coached Problem Solving Using Bayesian Networks," Proceedings of the Sixth International Conference on User Modeling（UM 97）, pp.231-242, 1997

[6.25]　D.W. Albrecht, I. Zukerman, A.E. Nicholson, A. Bud, "Towards a Bayesian

Model for Keyhole Plan Recognition in Large Domains", Proceedings of the Sixth International Conference on User Modeling (UM 97), pp.366-376, 1997

[6.26] E. Horvitz, P. Koch, R. Sarin, J. Apacible, M. Subramani,"Bayesphone : Precomputation of Context-Sensitive Policies for Inquiry and Action in Mobile Devices," Proceedings of the Tenth International Conference on User Modeling (UM 05), pp.251-260, 2005

[6.27] H. Prendinger, J. Mori, M. Ishizuka,"Recognizing, Modeling, and Responding to Users' Affective States", Proceedings of the Tenth International Conference on User Modeling (UM 05), pp.60-69, 2005

[6.28] C. Conati and H. Maclaren, "Data-Driven Refinement of a Probabilistic Model of User Affect", Proceedings of the Tenth International Conference on User Modeling (UM 05), pp.40-49, 2005

第7章
ユーザ適応カーナビの実現

　近年，カーナビゲーションシステム（カーナビ）に代表される車載情報機器において，多くのコンテンツを取得できるようになってきた．しかし操作性，安全性の面で，運転時に希望するコンテンツの自由な検索，絞込みをすることは困難である．この制約の解決には，機器側がユーザのおかれている状況を考慮して，嗜好に合ったコンテンツを推薦する方法をとることが考えられる．そこで本章では，ベイジアンネットワークにより，自動車においてユーザに適応するコンテンツ推薦システム（ユーザ適応カーナビ）を実現した結果を示す．前半では，前章で示したドメインの知識を利用したモデル構築手法であるLK法を用いてユーザの嗜好についてのユーザモデル（ユーザ嗜好モデル）を構築し，ユーザ適応カーナビについての実現性を確認した結果を示す．後半では，前章で示したユーザの履歴を学習するユーザ適応手法を適用し，ユーザ適応学習の実現性を確認した結果を示す．

7.1　　　現状のカーナビ

7.1.1　　　カーナビの現状とその課題

　カーナビは男女を問わず，様々な年代のドライバーに利用され，ドライブに欠かせない装置になっている．80年代に世の中に出たカーナビは，本来の機能である地図表示や目的地の情報検索，経路計算，経路案内などの基本機能を中心に発達してきた．さらに90年代の終わりから，電話やインターネット，音声認識，

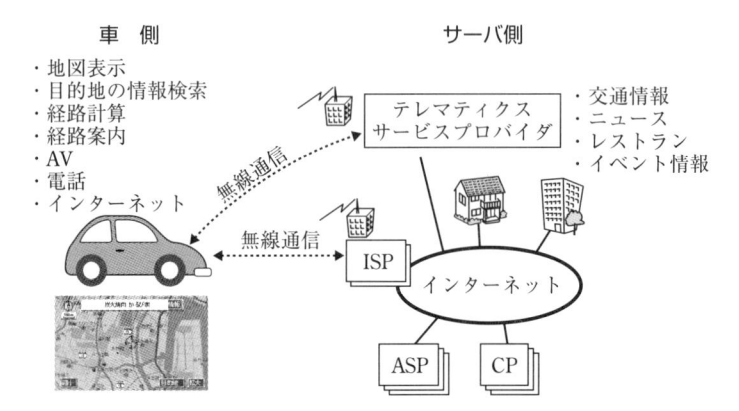

図7.1 現在のカーナビのシステム

車側
・地図表示
・目的地の情報検索
・経路計算
・経路案内
・AV
・電話
・インターネット

サーバ側
・交通情報
・ニュース
・レストラン
・イベント情報

ISP：インターネットサービスプロバイダ
ASP：アプリケーションサービスプロバイダ
CP ：コンテンツプロバイダ

AV機能などを加えた，車載マルチメディア情報機器へと進化してきている．特に2000年代に入り，自動車内と車外の世界を通信で接続し，様々な情報やサービスを提供するテレマティクスによる機能が発展しており，次第に不可欠になりつつある（図7.1）．テレマティクスとは，テレコミュニケーション（Telecommunication／通信）とインフォマティクス（Informatics／情報工学）を組み合わせた，自動車業界で使われている造語である．具体的な機能としては，最新の交通情報や地図情報の情報提供はもとより，リモートでの故障診断，他車とのコミュニケーションなどのサービスなどがあり，テレマティクスサービスプロバイダ（情報センタ）にあるサーバ経由で各車に提供している．さらにはニュース，イベント，レストランなどのネットワーク上にある様々な情報の提供や，カラオケなどの各種サービス提供まで拡張されている．これら機能の進化には，計算能力やメモリ容量などのハードウェアの進化がひとつの要因になっている．特に各機能で利用される地図などの情報を蓄える記録メディアの発達は大きい．カーナビ本体に搭載されているメディアとしては，CDからDVDへ，さらにはHDDへと記憶容量は増加の一途をたどっている．テレマティクスにおいては，ネットワーク上のサーバをメディアとして膨大な情報を記憶できるようになりつつある．

7.1 現状のカーナビ

　一方，カーナビは，ドライバーへ向けて提供されている機器であり，ホームやオフィスなどのようにいつでも操作できるわけではない．法律としても，平成16年11月1日施行の改正道路交通法で，自動車や原動機付自転車の運転者が走行中に画像表示用装置（カーナビ，携帯電話など）を手で保持して注視した場合，道路における交通の危険を生じさせなくても罰則の対象となるようになった．また，運転席で使用することから，ユーザインタフェースに対して制約がある．ホームやオフィスでは，多くの情報を効率的に入力できるキーボードのような入力装置を用いてぐるなび[7.1]などのレストラン紹介サービスを利用して，様々な情報を絞り込んで選択しているが，このような使用法とは大きく異なる．車内ではタッチパネルやリモコンスイッチのような簡単な入力しかできない入力装置が主流であり，メニュー選択を中心とした操作となっている．そのため，複雑な機能は多くの回数の操作を必要とする．音声認識によるインタフェースも採用されているが，認識率の問題などにより，使用範囲はコマンド入力を中心に限定されている．今後，テレマティクスの発展に伴い車内で使える情報の量は増えるが，実際には利用できないというジレンマが，次第に深刻になっていくであろう．

　これを具体的な場面で考えてみる．運転中，空腹を感じて近くの飲食店を検索したい場合がよくある．このような場合に現在のカーナビでは，例えばレストランを検索するならば，まず停車し，カーナビの画面から「食べる」や「レストラン」といったようなカテゴリを選択する．次に「和食」「イタリアン」などといったジャンルを選択する．すると，近くの200件ほどの店名が近い順にリスト形

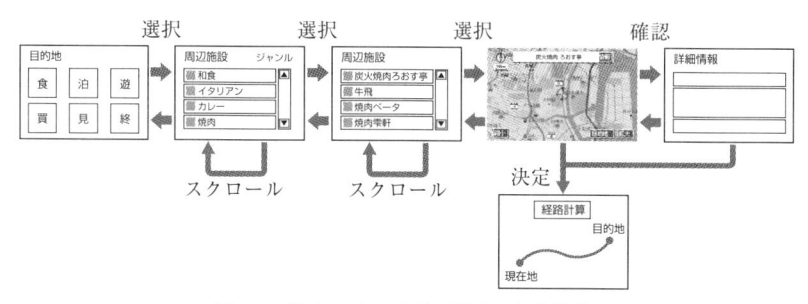

図7.2　現在のカーナビ：近くのお店検索

式で表示される．ユーザはリストをスクロールして，店名から自分の嗜好に合うと思われる飲食店を見つける．選択したジャンルに気に入るレストランがなければ，ジャンルを変えて再度，操作して選択する．以上のような多くの操作をして，立ち寄る飲食店を見つけることになる．そのため，カーナビ・ユーザ調査[7.2]での検索機能に関する評価では，住所・地名検索，50音検索など，主要な検索機能について「満足」と回答したユーザが30～45%であるにも関らず，近くの店を検索する機能について満足と回答したユーザは26%であり，低い満足度を示している．今後，各店舗のおすすめメニューなど多くの種類の最新情報にアクセスできるようになってくると，これらの情報を得るためにさらなる操作が必要となり，結局，情報はあるが利用できないということになるであろう．

　もう一つ代表的な場面として，ドライブの快適性を高めるために音楽を聴くことをとりあげてみる．古くはラジオを聴いて楽しむ時代であったが，現在では多局化したラジオはもちろんのこと，CDを持ち込んで聞いたり，さらには車載のHDDの装置に記録した音楽を聴いたりすることにより，好みの音楽をかけて楽しく運転ができる環境がととのっている．特にHDDの容量は年々増加を続けており，近い将来，個人で所有するすべての音楽ソースを格納できるようになるであろう．さらには，無線通信の発達によって自動車へ直接ダウンロードできるようになれば，数十万～数百万の膨大な数の楽曲から気に入った楽曲を聴きたいときに聴けるようになるだろうし，それは時間の問題である．しかし，自動車の環境において操作ができるのは，特に走行中は簡単なスイッチ操作によるオーディオの切り替え，曲のスキップ程度であろう．音声認識による音声操作にも期待できるが，車内において任意の音楽のタイトルを正確に認識できるようにするためには，技術革新が必要である．また，楽曲のタイトルを正しく憶えているドライバーはそう多くはないであろう．

7.1.2　簡単な操作で個々のユーザへ対応する方法

　ここまで述べたような操作の課題を克服する方法を考えてみる．
　第一案としては，オペレータへ電話してコンテンツを推薦してもらう方法があ

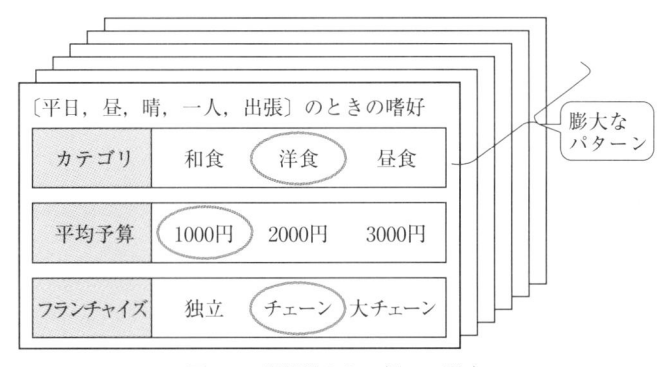

```
┌─────────────────────────────────────┐
│ 〔平日，昼，晴，一人，出張〕のときの嗜好    ╲  膨大な
│  ┌─────┐                              ╲ パターン
│  │カテゴリ│  和食   洋食    昼食
│  └─────┘         ◯
│  ┌─────┐
│  │平均予算│ 1000円  2000円  3000円
│  └─────┘  ◯
│  ┌──────┐
│  │フランチャイズ│ 独立  チェーン  大チェーン
│  └──────┘         ◯
└─────────────────────────────────────┘
```

図 7.3　選択肢からの好みの設定

る．これは，すでにいくつかのテレマティクスシステムにおいて実現されている．質問をしながらデータの絞り込みが行えるため，ユーザが納得できるコンテンツを提供できる．さらにユーザの過去のデータも参考にできるシステムでは，短い時間で推薦情報を提供することも可能となる．しかし，運用コストが非常に高くなるため，運用側かユーザ側に金銭的負担を強いることになる．さらにプライバシーの問題から，このシステムに抵抗を覚えるユーザもいるであろう．

　他の方法として，あらかじめユーザに選択肢から好みのコンテンツを設定させておく方法がある．しかし，ユーザの嗜好は状況によって変化するため，単純にいくつかのコンテンツを設定しておく程度では，きめ細かく状況に対応することは困難である．

　次に，カーナビ側でユーザの嗜好を学習して，嗜好に合わせて推薦させる方法がある．先ほどの例であると，立ち寄りスポットや楽曲を推薦する方法である．そのときのユーザの状況に合わせて，適切なコンテンツを推薦できれば，ユーザは簡単な操作でコンテンツを享受できる．具体的には，ユーザの食事がしたいというようなニーズを操作により指示するだけで，システムが状況を考慮してコンテンツの並べ替えを行う．ユーザの操作は，単に OK（受け入れる）か NG（受け入れない）というようなもので十分である．さらにはそのニーズを正確に感知できれば，タイミングよく自動的に推薦させられる．

しかし，人の嗜好は人によって異なり，状況にも依存する．さらには，時間とともに変化する．これらの多様な変化に対応し，追従して適応できることがシステムの要件となる．

7.2　ユーザ適応カーナビ

7.2.1　ユーザ適応カーナビとは

ここでは，個々のユーザの嗜好に合わせてコンテンツを推薦できるユーザ適応システムを「ユーザ適応カーナビ」と呼ぶ（図7.4）．このシステムは，それぞれのユーザの嗜好に合わせるため，ユーザ固有のユーザモデルを持つことになる．システムはこのモデルを使って，レストランや音楽など，コンテンツプロバイダより提供されるコンテンツを年齢，性別などのユーザデータに基づき，さらにそのときの場所，時間，同乗者などの状況データを考慮して，適したコンテンツを「コンテンツ推定」し，ユーザに推薦する．さらに，推薦に対するユーザの操作や行動から，モデルを「ユーザ適応学習」する．これによって，まさに使えば使うほどよりよい推薦ができ，嗜好に合うシステムとなる．

以下では，ユーザ適応カーナビを用いた将来のドライブシーンを紹介する．

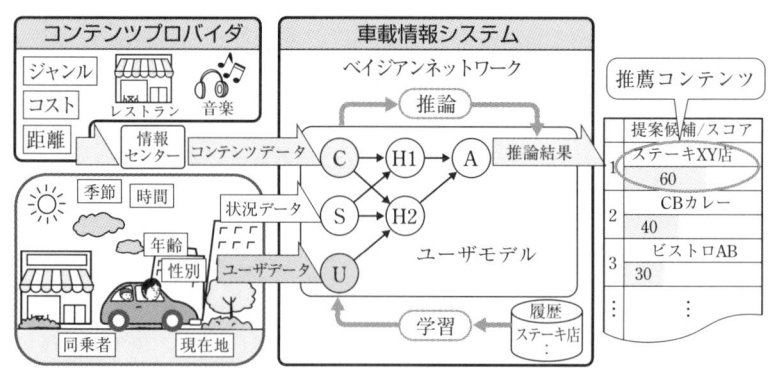

図7.4　ユーザ適応カーナビ

7.2.2　将来のドライブシーン

　将来のドライブシーンを，二人の人物を登場させて想定してみる．一人は55歳男性の袴田さんで，プロフィールとしては国産高級車に乗り，好きな音楽は60年代洋楽，好きな料理はフランス料理である．もう一人は29歳男性の真下さんで，プロフィールとしてはスポーツタイプの国産車に乗り，好きな音楽は最新の洋楽で特にR&B，好きな料理はイタリア料理である．

①シーン１：袴田さんの休日小旅行

　袴田さんは晩秋の日曜日に，夫人とともに千葉方面にドライブに出かけていた．休日には夫人とともに出かけることが多い．

　午後6時頃，舞浜にさしかかった．カーナビは明日の天気予報を告げた．「午後6時現在の天気予報をお知らせします．明日の渋谷周辺は晴れ，降水確率は0％．続いて，…」渋谷は職場のある場所である．カーナビは，関連する場所の天気予報をすべて伝えた後，今日のニュースを続けた．「先週上場した，○△株式会社は，…」袴田さんが関心のある経済ニュースである．会社を経営している袴田さんは，常に経済ニュースを知りたいと考えている．ほどなくお台場にさしかかり，ビートルズの曲がかけられた．若い頃によく聞いたビートルズは今でも好きで，頻繁に聴いている．

　時刻は18：20になり，そろそろ夕食でもと考え，カーナビに「食事の場所を探して」と伝えると，即座に「品川駅近くのフランス料理で，ブラッスリー・ル・○○はどうでしょう」と返答された．助手席の画面上には，その情報が表示されていた．いつも行く渋谷のフランス料理屋と雰囲気が似ており，「よさそうだ」ということになった．「そこでいい」というと，カーナビは品川に通過点を設定した．

②シーン２：袴田さんの通勤帰り

　袴田さんはいつもの通勤ルートで帰宅している．17：30，いつものようにカーナビは経済ニュースを伝えた．「○△株式会社の上場により，…」この時間はいつも首都高に乗っており，渋滞している中でニュースを聞く．ニュースに続いて

音楽がかけられた．今日もお気に入りのビートルズである．

③シーン3：真下さんの休日

　真下さんは，晩秋の日曜日に彼女とともに千葉方面にドライブに出かけていた．毎週日曜日は彼女とのデートに当てている．午後6時頃，舞浜にさしかかった．カーナビは，いつものように彼女と共通のお気に入りの女性アーティストの曲をかけていた．ここで，お台場の映画館での上映案内が流れた．「シネマ○△では，スター△△を上映しています．次回上映は19：00からです．」話題の映画であったが，迷った末，時間が少し遅いのであきらめた．自動車はそのまま湾岸線へと進んでいった．お台場を過ぎたところで18：20になり，カーナビに「食事の場所を探して」と伝えると，即座に「品川駅近くのイタリア料理で，リストランテ・○○はどうでしょう」と返答された．助手席の画面上には，その情報が表示されていた．彼女もイタリア料理が好きであり，予算的にも許容範囲であったので，「行ってみよう」ということになり，「そこへ」というと，カーナビは品川に通過点を設定した．

④シーン4：真下さんの通勤帰り

　真下さんは通常の通勤ルートで帰宅している．21：00，いつものようにカーナビはサッカーのニュースを伝えた．「クラブ○△はジーゴの決勝ゴールで1対0で，…」．環状線を利用して帰宅しているときにニュースを聞く．ニュースに続いて音楽がかけられた．今日もいつもの通勤帰りのように，R&Bの最新のアルバムから最新のヒット曲がかけられた．

　以上のドライブシーンの例において，ドライバーはカーナビにコンテンツの選択を任せることにより，ほとんど操作する必要がなくなっている．

7.3 ベイジアンネットワークによるユーザ適応カーナビの実現

7.3.1 要件と対処方法

本節では，前節のドライブシーンを実現するユーザ適応カーナビに必要な条件（要件）をあげ，また，その要件を満たす対処方法として，ベイジアンネットワークの適用を考察する．

(1) 機能に関する要件と対処方法

ユーザ適応システムであるユーザ適応カーナビは，まず，6.3.1で挙げたユーザ適応システムに必要な条件における機能を満たす必要がある．すなわち，適切なコンテンツの推定，ユーザモデルの構築，個々のユーザへの適応の実現である．

まず，ユーザ適応カーナビが店頭あるいは購入後すぐにある程度役立つためには，使用開始時にもユーザに適応していることが必要である．なぜなら，最初にあまりにも的外れな推薦をすると，以降，使用されない可能性があるからである．人においてもシステムにおいても，信頼できることが大切である．そのため，ユーザとの相互作用がないデフォルトのモデルである「出荷時モデル」であっても，ある程度ユーザに適応できるようモデルを構築できることが必要である．

また，ユーザ適応カーナビは，様々なコンテンツを対象にしている．スポーツの趣味のような嗜好の変化の少ない分野は問題ないが，嗜好のバリエーションが多く，嗜好の変化も激しいような音楽については，出荷時モデルで適応させることには限界がある．そのため，個々のユーザへ適応させた「ユーザ適応モデル」を構築する重要性が高い．

第6章で説明したように，ベイジアンネットワークは，確率推論，統計的学習によりこれら要件に対処できる．

(2) システム構成に関する要件と対処方法

システム構成は現在のシステム（図7.1）と同様に，車載機がある自動車側と，コンテンツを供給するサーバ側に分かれる．

まず，「コンテンツ推定」のためには，高速移動体である自動車が対象である

ため，変化が速い現在位置や交通状況など様々な状況に対するセンサ情報を入力にして，リアルタイムな推定が必要である．また，推定の頻度も高いため，「コンテンツ推定」は自動車側にあるほうが明らかに有利である．

次に，「ユーザ適応学習」のためには，多くの学習データと計算量が必要である．サーバ側は，計算機資源の点で有利である．また，他の多くのユーザの情報を集められるため，他のユーザの情報を利用して推薦の精度を上げることも期待できる．しかし，ユーザごとに計算機資源を確保することは運用コスト面で大きな負担になるため，コストに見合う利益が得られるビジネスモデルが必要である．また，詳細な個人情報をサーバにアップロードすることになるため，抵抗があるユーザも少なくないと考えられる．一方，自動車側では，学習の頻度が「コンテンツ推定」ほど高くなくてよいため，学習時に必要な資源が確保できれば実現性はあり，プライバシーの問題がない．これらを総合的に考えて，システム構成を決定する必要がある．

(3) モデルに関する要件と対処方法

モデルに関しては，6.4.1 であげたような構造を持つことになる．モデルを構成するユーザ変数，状況変数，コンテンツ変数に対応するデータは，6.3.1 で述べたような特徴を持つため，対処が必要である．すなわち，質的データ，離散値，多峰性を持つ分布，不完全データという特徴である．特に取得できるデータ量は，出荷前においてもユーザ適応学習時においても必ずしも多くないため，不完全データへの対処が重要である．出荷前にはユーザからアンケートなどによりデータを収集をして，出荷時モデルを作成することになる．しかし，ユーザと状況の組合せに対しさらにコンテンツの組合せのデータが必要になるため，完全なデータを収集することは困難である．また，ユーザ適応学習時は，一人のユーザから取得できるデータは必ずしも多くない．

これらのモデルに関する要件に対して，第6章で解説したモデル構築手法，ユーザ適応学習手法を適用することにより対処できることが期待できる．

7.3.2 目標

以上のような要件と対処方法を考慮し，システムの目標を掲げる．

①予測性能の良好な「出荷時モデル」の構築

より多くのユーザに対し，嗜好にあったコンテンツを予測できる必要がある．本システムが実際に使われる，すなわち実現性を持つためには，少なくとも現在の多くのカーナビ（現行ナビ）の同様な機能に対する優位性が必要である．つまり，現行ナビに比べて実際に操作する回数が減る必要がある．さらに予測精度として，ここでは便宜的に，多くのユーザ（ここでは80％）に対する提案の2回に1回は正解になる，すなわち50％の予測精度を目標とする．

②「ユーザ適応モデル」で異なる個々のユーザの嗜好に適応

システムを許容して実際に使用し続けてくれる，すなわち実現性があるためには，学習の効果により予測精度が向上していく必要がある．さらに予測精度の目標として，ここでは便宜的に3か月間で収集するデータから，すべてのユーザに予測精度50％以上，平均80％とおく．

なお，ここで挙げた数値目標は，実際のシステムの主観評価等による満足度との対応関係を調査し，総合的に判断して設定する必要がある．

7.4 ユーザ適応カーナビのユーザモデルの構築

7.4.1 構築するモデル

本節では，ベイジアンネットワークを利用して，ユーザ適応カーナビを実現するユーザモデルの構築について述べる．

ユーザ適応カーナビの主たる機能の一つとして，立ち寄り地点を推薦する機能がある．ここでは推薦する立ち寄り地点の中で，嗜好に大きく影響されるカテゴリの一つであるレストランを取り上げる．現行ナビが，多くの人力操作によって店舗を選択させるのに対し，ユーザ適応カーナビでは，「食べる」といったよう

なカテゴリを選択するのみで，好みにあったレストランが自動で表示されるようになる．

以下，第6章で示した手法であるLK法を用いて，このようなシステムを実現するためのユーザモデルを構築する手順を，順を追って説明する．

7.4.2　要求定義

ユーザ適応カーナビのレストラン推薦について，以下のようなユースケース（UC）を定義した．

UC 1　ユーザを設定する

ユーザは，ユーザ適応カーナビにユーザの特徴を入力する．基本的には，購入時などシステム使用開始時に一度入力するだけで，変化がない限り再入力の必要はない．

UC 2　レストランを選択する

ユーザは行きたいレストランを，UC 4により提示された候補から選択する．必要に応じて画面の切り替えやスクロール等の操作を行い，ブラウジングして選択する．

UC 3　カテゴリを選択する

ユーザは，必要とするコンテンツのカテゴリを選択する．カテゴリには「食べ

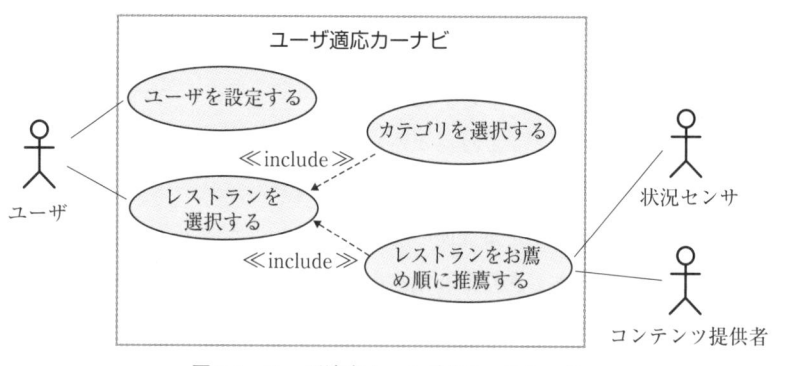

図7.5　ユーザ適応カーナビのユースケース

7.4 ユーザ適応カーナビのユーザモデルの構築

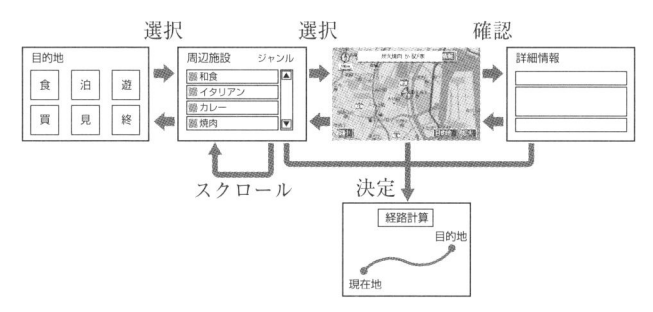

図 7.6 ユーザ適応カーナビ：近くのお店検索

る」「買う」など，その目的に対応した分類がある

UC 4 レストランをおすすめ順に推薦する

システムは「食べる」のカテゴリに入る現在地の近くのレストランの中から，そのときの状況を考慮して，ユーザの嗜好に合うレストランを推薦する．複数候補がある場合は，推薦順に提示する．

図 7.6 に，ユースケース 2 から 4 に基づいて設計した，ユーザとのインタフェース仕様である画面遷移を示す．

7.4.3　モデル概要設計

前節のユースケースのうち，ユーザモデルは UC 4 で利用される．ユーザモデルは，ある状況における，そのユーザのレストランに対する嗜好をモデル化したものとなる．

モデルに必要な変数は大きく分けて，ユーザに関する変数，状況に関する変数，そして予測するコンテンツであるレストランに関する変数が必要なことが，ユースケースからわかる．

① **ユーザに関する変数：**

年齢層，性別，職種，運転暦，年収，可処分所得，家族構成，自動車ユーザ層（車種）など．

② 状況に関する変数：

季節，曜日（平日 or 休日），時間帯，天気，気温，湿度感，地域，道路の種別，車速，渋滞度，食後の予定の有無（切迫度），食事区分など．

③ レストランに関する変数：

予算，客層，高級感，フランチャイズ，メインデッシュの種類，レストランカテゴリ，禁煙席，駐車場有無，現在地からの距離など

　上記の三分類に含まれる多くの変数は，それぞれ三つの分類内の変数間では関連が深いため，分類ごとにグループとして扱うこととした．

　また，ユーザの決定方略をモデル化するために，モデルには多属性態度モデルを取り入れた [7.3]．

　以上を考慮して，ユーザ変数，状況変数に対する各レストランのコンテンツ属性変数の関係として，ユーザの嗜好モデルをベイジアンネットワークで表現した．このモデルの出力である各コンテンツ変数の嗜好に合致する度合いから，多属性態度モデルに従い，各レストランの嗜好に合致する度合い（スコア）を計算することとした．

　具体的には，ベイジアンネットワークモデルはユーザ変数，状況変数から J

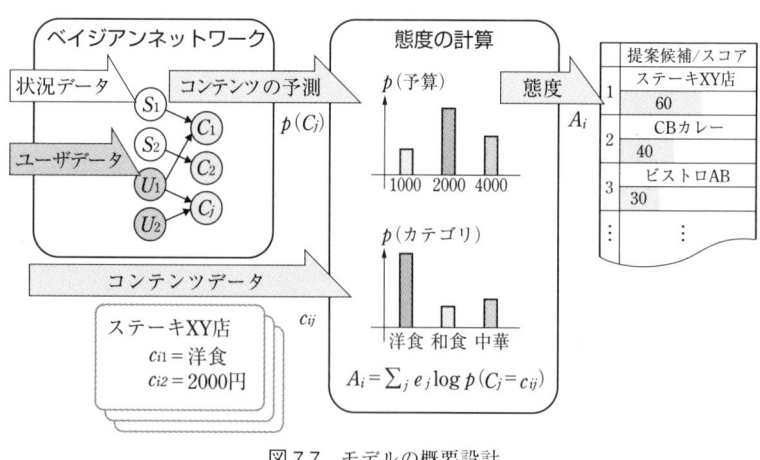

図7.7　モデルの概要設計

7.4 ユーザ適応カーナビのユーザモデルの構築

個のコンテンツ変数について，個々のコンテンツ変数 C_j の好みを確率分布 $p(C_j)$ として予測するモデルとなる．次に，多属性態度モデルでレストラン i に対する態度 A_i を計算する．レストラン i のコンテンツ変数 C_j の値 c_{ij} について，ベイジアンネットワークで求めた確率分布 $p(C_j)$ から対数尤度を求め，属性 C_j に対する嗜好の強さとする．重み付け係数を e_j をかけ算して，態度 A_i を求める．

$$A_i = \sum_{j=1}^{J} e_j \log p(C_j = c_{ij}) \tag{7.1}$$

この態度 A_i がすなわちスコアであり，該当レストランに対する好きというユーザの態度を予測した結果である．このスコアの値が高い順に，レストランを推薦することとなる．

7.4.4　知識データ準備と学習データ準備

ユーザモデル構築のための知識データ，学習データは，両方ともユーザから集めることになる．

知識データは6名の一般ユーザから収集した．ユーザ変数，状況変数，コンテンツ変数内での変数間の依存関係と，ユーザとコンテンツ，状況とコンテンツ間の依存関係について，関係があるかどうかについて質問して収集した．収集した結果を集計し，半数以上が「関係あり」とした場合に半順序関係を「True」とした．

学習データは300名の車両ユーザに対してアンケートを実施して収集した（図7.8）．

アンケートは，品川駅周辺にある182店のレストラン[7.1]に対し，あらかじめ設定した全18の状況の中から6状況を指定して，それぞれ行きたい店を選択させる方法をとった．選択の手順は，最初に好きなカテゴリを質問し，選択したカテゴリに該当する店を表示し，気に入らなければ次のジャンルを選ぶという，現行ナビと同じような選択方法をとった．選択レストランは複数回答であり，結果的に3,778件のデータを得た（表7.1）．このとき質問した項目および提示した属性については，7.4.3で示した変数からユーザには12項目を質問し，状況変数，レストラン変数に関してそれぞれ12項目，17項目を提示した．

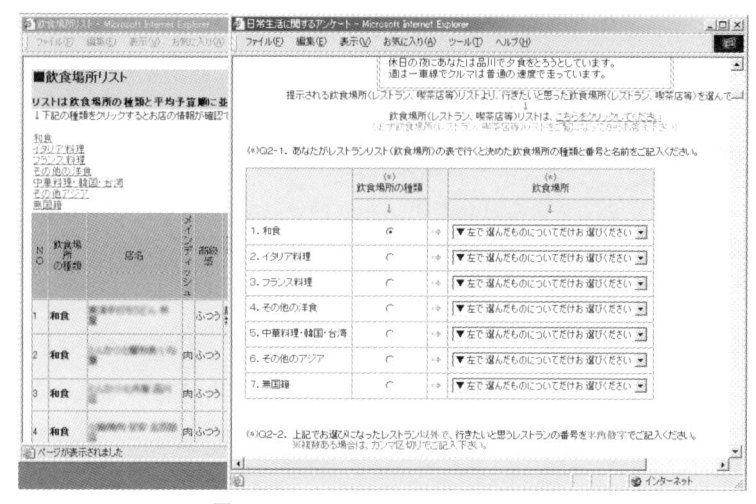

図 7.8 アンケート：レストラン選択

ユーザ				状況				レストラン	
ユーザID	年齢	性別	年収	渋滞度	天気	次の予定	食事分類	レストランカテゴリ	高級感
1	30代	男性	500〜700万	平常	雪	なし	平日夕食	中華・韓国・台湾	ちょっと高級
1	30代	男性	500〜700万	平常	雪	なし	平日昼食	和食	ふつう
1	30代	男性	500〜700万	平常	晴または曇	なし	平日夕食	和食	ちょっと高級
1	30代	男性	500〜700万	平常	雨	なし	平日夕食	和食	ちょっと高級
1	30代	男性	500〜700万	渋滞	雨	90分程度先	休日ブランチ	その他洋食	軽食・早い
1	30代	男性	500〜700万	平常	雨	なし	休日ブランチ	和食	ふつう
2	20代	男性	300〜400万	平常	雪	なし	平日夕食	和食	ふつう
2	20代	男性	300〜400万	平常	雪	なし	平日昼食	その他洋食	カジュアル
2	20代	男性	300〜400万	平常	晴または曇	なし	平日夕食	中華・韓国・台湾	ちょっと高級
2	20代	男性	300〜400万	平常	雨	なし	平日夕食	伊・仏料理	ちょっと高級
2	20代	男性	300〜400万	渋滞	雨	90分程度先	休日ブランチ	和食	ふつう
2	20代	男性	300〜400万	平常	雨	なし	休日ブランチ	伊・仏料理	カジュアル
3	50代	男性	1200万〜1500万	平常	晴または曇	なし	休日ブランチ	和食	ふつう
3	50代	男性	1200万〜1500万	平常	雨	なし	平日夕食	和食	ふつう
3	50代	男性	1200万〜1500万	平常	晴または曇	90分程度先	平日夕食	和食	ふつう
3	50代	男性	1200万〜1500万	平常	晴または曇	なし	休日ブランチ	伊・仏料理	ちょっと高級
3	50代	男性	1200万〜1500万	渋滞	平常	なし	平日夕食	和食	ちょっと高級
3	50代	男性	1200万〜1500万	平常	雨	なし	平日夕食	伊・仏料理	カジュアル
4	30代	女性	500〜700万	平常	雨	なし	平日昼食	無国籍等	ふつう
4	30代	女性	500〜700万	平常	晴または曇	なし	休日ブランチ	その他洋食	カジュアル
4	30代	女性	500〜700万	平常	晴または曇	なし	休日夕食	中華・韓国・台湾	ちょっと高級
4	30代	女性	500〜700万	平常	晴または曇	なし	平日夕食	和食	ふつう
4	30代	女性	500〜700万	平常	晴または曇	なし	平日夕食	和食	ちょっと高級
4	30代	女性	500〜700万	平常	晴または曇	なし	休日ブランチ	その他洋食	カジュアル

表 7.1 アンケートデータ（一部）

さらに決定方略を調査するため，レストランを選択したときに選択の条件とした項目を指定させた．

7.4.5　代表ノード探索，全体モデル組立

代表ノード探索と全体モデル組立は，基本的には評価規準を持ってモデルを探索するアルゴリズムである．探索について，両方のアルゴリズムに共通の決めるべきポイントがいくつかある．まず，子ノードのCPTに対してリンクを接続するかを判断するための，変数間の依存関係の評価規準である．次に，評価規準の計算に用いられるCPTの作成方法である．以下，これらについての説明に加えて，特に重要なポイントである知識データによる補完について，具体的に例を用いて説明する．

(1) 探索の規準
① 情報量規準

基本的な探索規準として，情報量規準を用いた．適用した情報量規準は，具体的には後述の「知識データとの整合性」を考慮して，代表ノード探索においてはMDL，全体モデル組立ではAICを採用した．今回のような少量のデータからモデルを構築する場合には，必ずしも情報量規準は有効な指標になりえない．そのため，「知識データとの整合性」を考慮して，規準の一つとして選択する必要がある．

② 知識データとの整合性

依存関係を評価する全2変数において，情報量規準による関係の有無が知識データにおける関係の有無と同じである2変数の割合とした．

③ クロス集計表の空白率

クロス集計表で一回もカウントされない状態が多い場合，確率分布が正確に推定されないことが多い．これを次の式で評価した．

$$\frac{1}{J}\sum_{j} v(N_{ij}) < V_{MIN} \tag{7.2}$$

$$v(x) = 1 (x > 0), \quad v(x) = 0 (x \leq 0)$$

ここで，N_{ij} は親ノードの状態 j に対して子ノード i を集計したカウント値である．式(7.2)は，親ノードの全状態に対して子ノードの値が観測されず，空白（カウント値がゼロ）である親ノードの状態の割合を示している．V_{MIN} は経験的に 0.3 とし，条件を満たさないノードは接続しなかった．

クロス集計表の空白率の規準を満たさない場合，収集した学習データの改変により規準を満たすような変換を加えた．個数としては，経験的に 5 個以上入るようにした．

(2) CPT の作成

今回は，事前確率に対する知識を収集していない．そのため，モデルの学習には事前分布を無情報事前分布として学習させた．具体的には，クロス集計時に表の初期値を 1 に設定することに相当する．

CTT 子ノード	親ノード	客層	
可処分所得	休憩	食事	小宴会
5千円未満	15	77	32
5千円～1万円未満	1	4	0
1万円～3万円未満	139	478	319
3万円～5万円未満	73	385	265
5万円～7万円未満	5	2	1
7万円～10万円未満	19	107	53
10万円～15万円未満	3	21	10
15万円～20万円未満	2	24	10
20万円以上	0	20	0
おこづかいまたは自由に使えるお金がない	5	15	12

（極端に少ない／無し）

CTT 子ノード	親ノード	客層	
可処分所得	休憩	食事	小宴会
1万円未満	16	78	32
1万円～7万円未満	217	865	585
7万円～15万円未満	22	128	63
15万円以上	2	44	10
おこづかいまたは自由に使えるお金がない	5	15	12

図 7.9 クロス集計表での状態統合

モデル		情報量基準 (AIC)
単体 客層		11344
組み合わせ 可処分所得 → 客層	修正前	11353
	修正後	11329（採用）

図 7.10 情報量規準の計算結果

(3) 知識データによる補完の具体例

知識データによる補完の具体例として，客層ノードに対して可処分所得とリンクを結んだ事例で説明する．

まず知識データから，「可処分所得」と「客層」に関係があることを確認する．次に，図 7.9 の左の図のように，クロス集計表で空白率を確認する．データがない場合や極端に少ない場合，図 7.9 の右の図のように各ノードの状態を統合する．ここでは，結果として「可処分所得」の属性が 10 から 5 になった．この結果から，情報量規準を計算する．結果として図 7.10 に示すように，修正前は単独の「客層」の値より悪かったものの，修正後は単独の「客層」よりもよくなったことから，このリンクは有効と判断できたため採用した．

7.4.6　構築したモデル

構築して結果のモデルを図 7.11 に示す．モデルに採用されたユーザ，状況の各ノードはそれぞれ 4 個，3 個であり，関連のあるコンテンツノードは 6 個となった．

構築したモデルから，レストランに関する顧客分析が可能である．例えば，選

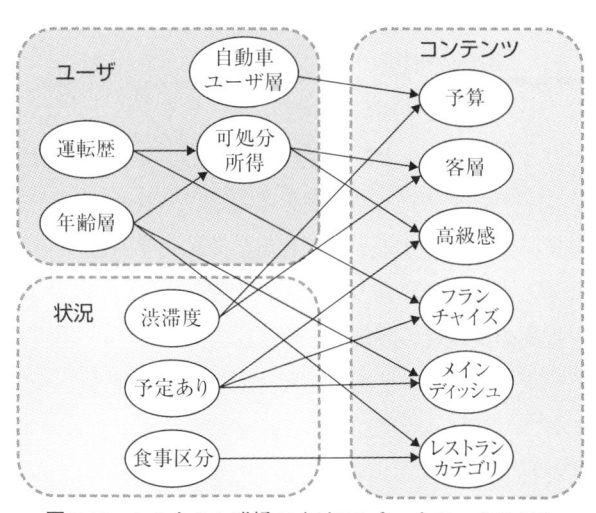

図 7.11　レストラン嗜好ベイジアンネットワークモデル

択するレストランの「高級感」は,「可処分所得」と「(食事後の)予定あり」から決定されることがわかる.よって,レストランを設計する場合,単純に地域の平均的な所得から高級感を決定するのではなく,忙しい人が多いかどうかも考慮する必要があることがわかる.また,「レストランカテゴリ」も「年齢層」だけで決まるのではなく,「食事区分」にも依存することがわかる.そのため,昼のメニューは単純に夜のメニューと同じにしてよいかについて,検討する必要があることがわかる.

マーケティングにおいては,このようなモデルの分析からコンテンツに関する知見を得て,ビジネス上の戦略を立てることができる.さらに,本モデルがベイジアンネットワークであることを積極的に利用することで,システムは推論を用いることでオペレータなどの人が介在しなくとも,ユーザに合うコンテンツを推薦することができる.加えて,学習によりモデルをユーザに適応していくことができる.次節より,これらの特徴について実例をもって評価し,考察していく.

7.5　ユーザモデルの評価

7.5.1　評価の概要

前節で構築したレストランの嗜好に対するユーザモデルは,ユーザ,状況の各ノードにそれぞれ4個,3個の状態を設定することにより,嗜好に合うコンテンツを特徴付けるコンテンツノードの6個を予測でき,ユーザにレストランを推薦できる.本節では,このユーザモデルを利用し,ユーザ適応カーナビによる推薦の実現性を評価する.以下に評価の概要を示す.

(1) コンテンツ推薦の実現性の評価

ユーザ適応カーナビによる推薦結果を現行ナビと比較することで,システムの実現性を評価する.さらに,推薦結果の正確さを評価するため,予測性能の目標値に対する確認を行う.

(2) 構築手法の評価

LK法の特徴を明確にするために，K2アルゴリズムを基にした，知識データを用いず学習データのみを用いて構築する手法（ここでは単純探索法と呼ぶ）によるモデルと比較する．

7.5.2　コンテンツ推薦の実現性の評価方法とその基準

本評価では，ユーザ適応カーナビによる推薦を現行ナビと比較することで，システムの実現性を評価する．さらに推薦結果の正確さを評価するため，予測性能の目標値に対する確認を行う．

本節では，まず評価の対象とする決定方略について示し，予測性能を評価する評価基準と評価方法を示す．

(1) 評価における決定方略

次に，本評価における決定方略として次の二つの方法を採用し，評価した．

加算型

代表的な決定方略である多属性態度モデルと等しい，すべての属性を加味する補償型の方略

混合型

実際の決定方略に近い非相補型で，属性を絞りこみ，少数にしてから相補型を用いる方略．

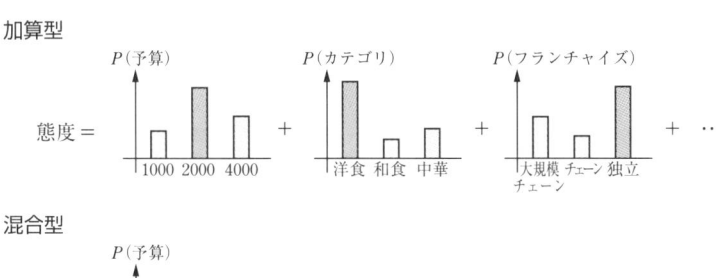

図 7.12　評価する決定方略

今回のアンケートでは，レストラン属性の中からユーザが決定にあたっての必要条件として重視した属性を選択させた．具体的には，式(7.1)で重み係数 α_j を加算型ではすべて 1 とした．混合型では，アンケートにて必要条件とした属性については 1，そうでない場合は 0 とした．

(2) 評価規準

以下に予測性能を評価する評価規準を示す（図 7.13 の上の図）．

順位誤差

予測結果の誤差であり，「予測したレストランの順位リストにおいて，ユーザが行きたいレストランの順位」と定義する．ここでは，ユーザが行きたいレストランは，アンケートでユーザが行きたいと選択したレストランとした．複数選択したユーザの場合は，最も高い順位を獲得したレストランの順位とした．これはユーザから見ると，レストラン候補のリスト画面になってからの操作数を表していることになる．具体的には，1 画面に提示されるレストラン数で割ることで操作数となる．

例えば，順位誤差が 6 であるとは，図 7.13 においてリストの 2 画面目の最初のお店がユーザが選択したお店であるという意味であり，操作数は 1 回となる．

予測正解率

予測結果の正解率であり，「アプリケーションとして許容できる予測結果（これを正解と定義）を得られる割合」とする．ここでは，以下のように定義する．

$$r_e = R \text{ 位以下の順位誤差を得る確率} \tag{7.4}$$

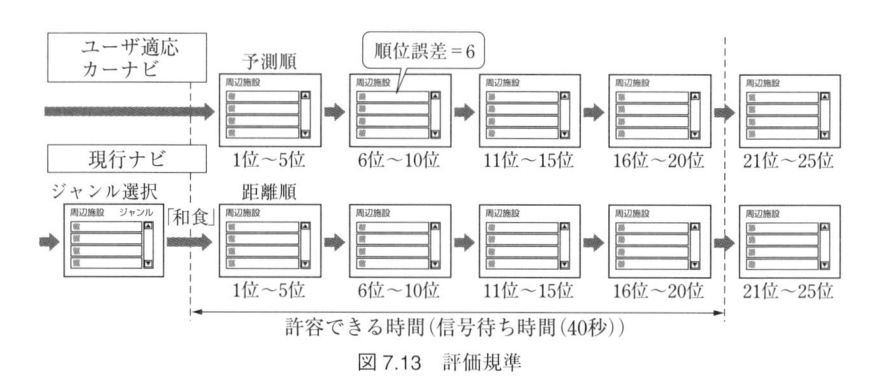

図 7.13　評価規準

実問題に適用する場合，ユーザの操作場面を考慮して予測が有効に働くかどうかを評価規準とする必要がある．ユーザ適応カーナビでは，信号待ちにおいてレストランが選択できればよいと考えて評価規準を設定した．具体的には，一般に信号待ち時間は平均 30 秒〜1 分程度であるため，1 項目の判断時間を 2 秒と想定し，選択時間 40 秒を期待値として $R = 20$ を設定した．

対現行ナビ向上率

現行ナビと比較するために，典型的なカーナビの操作手順（現行ナビ方式）に対し，本モデルで予測した場合の操作数の比較で評価する（図 7.13）．評価にあたって対現行ナビ向上率を導入した．これは，実現性を測るための，現行ナビ方式からの向上を評価するための規準である．以下のように定義する．

$$(r_e - r_t)/r_t \tag{7.5}$$

ただし，r_t は，現行ナビ方式で作成される順位リストにおける R 位以下の順位誤差を得る割合．ここで現行ナビ方式は，順番にレストランをリストで提示する方法であるため，ユーザが選択するレストランを提示できるまでのレストラン数を順位誤差として考えることができる．これは，アンケートにおける選択した

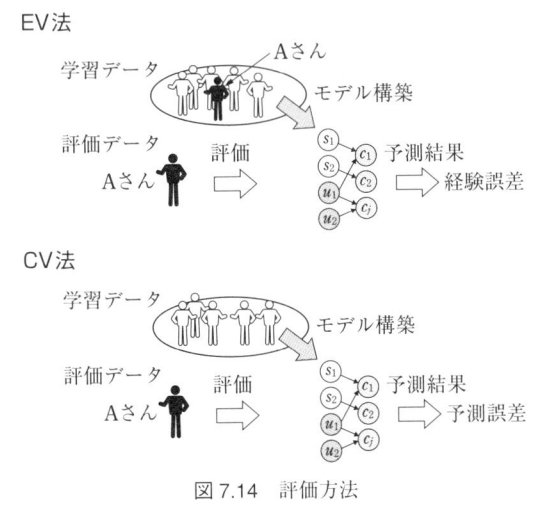

図 7.14 評価方法

操作の結果から得た．

(3) 評価方法

評価は，次の二つの評価方法で実施した．

経験誤差評価法（Empirical error Validation method：EV 法）

EV 法は，取得したデータのすべてを学習データとして構築したモデルに対して，評価データを当てはめることでモデルの良さを評価する方法である．ここでは，全レコードから作成したモデルを用いて，ユーザデータと状況データの組合せ（300 人×6 状況＝1,800 回）に対し，各コンテンツ（182 店）の態度の値を予測した．この結果から，順位誤差を測定した．

交差確認法（Cross-Validation method：CV 法）

CV 法は，取得したデータを学習データと評価データに分け，学習データから構築したモデルを評価データに当てはめることでモデルの良さを評価する方法である．ここでは評価データをユーザ 1 名分とし，それ以外を学習データとする Leave-one-out 法で実施した．具体的には，交差によるモデル構造への影響がほとんどないためモデル構造は変更せず，評価対象であるユーザのユーザデータ，状況データのレコードを除いて CPT を学習し，評価用のモデルとした．このモデルを用いて，評価対象であるユーザのレコードを評価データとし，そのユーザが選択したレストランに対してモデルを評価した．

なお，本評価では車載機での使用を考慮して，高速な推論アルゴリズムである LoopyBP（loopy belief propagation）を使用した[7.4]．

7.5.3　レストラン推薦の実現性を確認

図 7.15 に，混合型での EV 法，CV 法の評価結果を示す．横軸は順位誤差で，縦軸はユーザ全体である 300 人による 1,800 回の評価で得た順位誤差の度数を示す．予測正解率は，EV 法の 35％ に比べて CV 法が 33％ となり，EV 法に匹敵する CV 法の結果を得ることができた．これは，LK 法により，必ずしも充分でないデータ量からでもある程度汎化性能が高いモデルが構築できることを示している．加算型でも同じ傾向を得ている．

7.5 ユーザモデルの評価

次に，図 7.16 に加算型と混合型の結果を，現行ナビとともに示す．ここで，加算型，混合型とも CV 法の結果である．予測正解率は，現行ナビ，加算型，混合型の順で，26%，29%，33% であった．このように，加算型よりも混合型の方が高い予測精度を示した．これはレストラン選択において，混合型の方がユーザの決定方略に近いと言える．ユーザの決定方略や，決定方略の対象となる属性を予測することにより，予測精度を上げられることを示している．

実現性を表す対現行ナビ向上率は，加算型，混合型でそれぞれ 11%，24% であり，どちらについても現行ナビよりも良好な結果を得た．これは，本モデルで

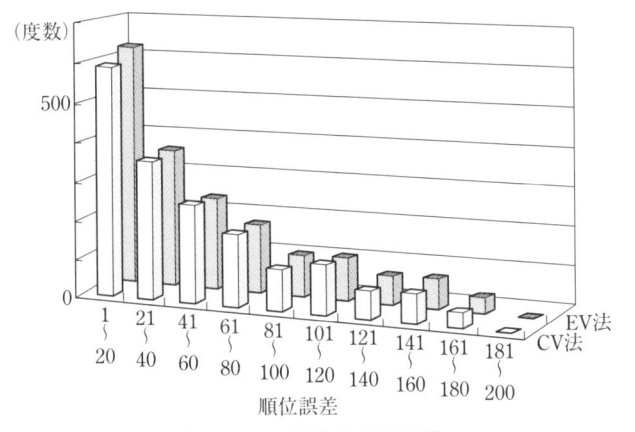

図 7.15　予測性能（混合型）

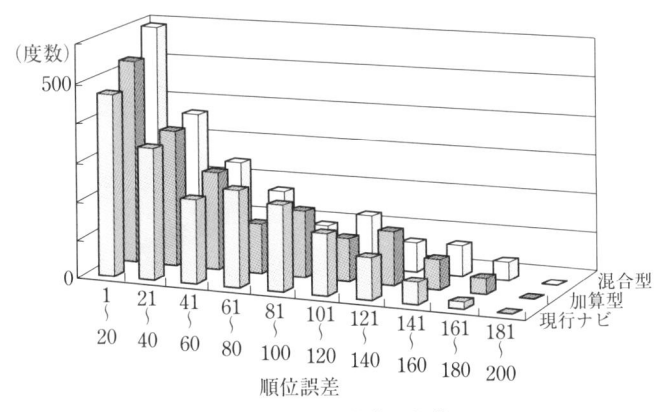

図 7.16　予測性能の比較

予測することにより，ジャンル選択を行わないにもかかわらず，現行ナビよりも速くユーザの好みに近いレストランを提示できることを示している．よって，ユーザモデルによる予測は有効であり，ユーザ適応カーナビのシステムの実現性は高いと言える．

さらに，300人のユーザのうちの80%である上位240人での評価結果を対象に評価を行った結果，混合型，CV法で35%であった．この結果においては，予測精度について設定した目標である80%のユーザに対しての50%には達していない．目標へ向けて精度を向上させるための方法として，このモデルに対して決定方略を予測するような機能や，評価構造を導入することなどが考えられる．

7.5.4 構築手法の評価方法とその規準

ここまでの評価で実現性を確認した．しかし，知識データを使うモデル構築方法であるLK法は，用いない方法に対して優位なのであろうか．そこで，知識データを用いない方法（単純探索法）で探索したモデルに対して，いくつかの特徴について比較する．

まず，単純探索法において，関連のあるノードを探索するための規準について検討する．ユーザ適応カーナビによる推薦の正確さは，順位誤差の小ささで評価している．一方，機械学習に関する一般的な知見は尤度を基本としている場合が多く，規準についてはAIC，MDLなど多くの情報量規準が提案されている．そ

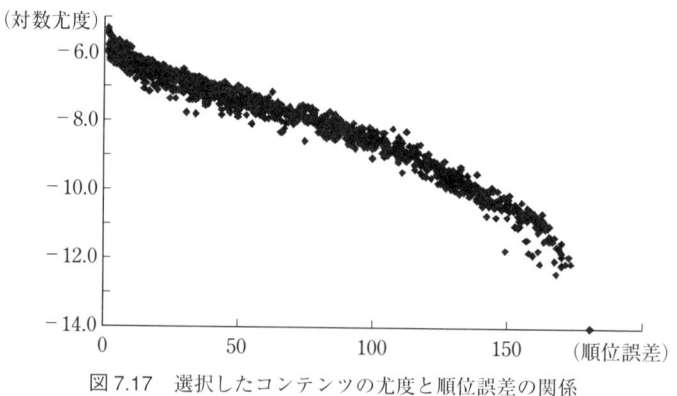

図7.17 選択したコンテンツの尤度と順位誤差の関係

こで，これらの関係を前節のモデルで評価した．モデルは加算型モデルとした．

この評価結果（図 7.17）によると，対数尤度と順位誤差の間に単調性が見られる．ばらつきを考慮する必要があるものの，選択したコンテンツの尤度を順位誤差の近似として用いてよいことがわかった．そこで，尤度を規準に探索することとした．

具体的には，単純探索法でのモデルを次のように探索した．

モデルの探索範囲は，子ノードであるコンテンツノードに対して親ノード候補であるユーザノード，状況ノードの組合せとした．ただし，前節で構築したモデルを参考に，1子ノードに対し最大2親ノードまでの組合せで探索した．また，探索規準は CV 法による尤度とし，最も高い評価を得たモデルを採用した．なお，このモデルでの決定方略は加算型である．また，各ノードの状態数は LK 法でのモデルと同じものとしている．

本評価における評価規準は，前節と同様に予測正解率を用いた．評価は CV 法にて実施した．

7.5.5　知識データの活用は有効

図 7.18 に，それぞれのアルゴリズムによる予測性能を示す．図のように，単

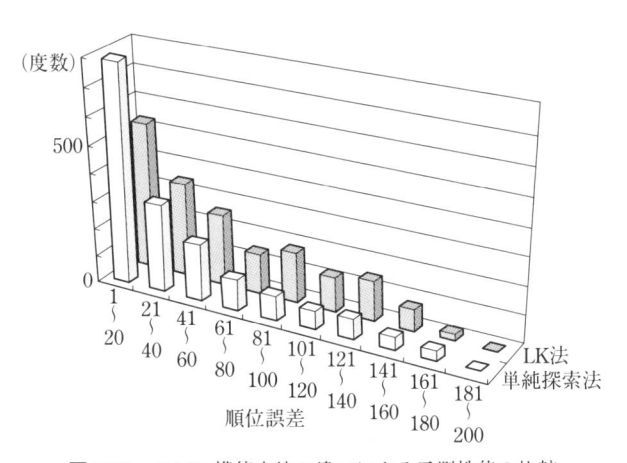

図 7.18　モデル構築方法の違いによる予測性能の比較

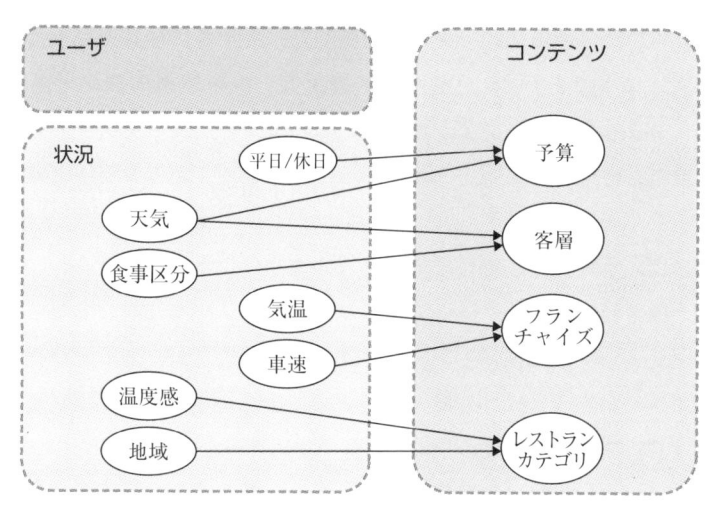

図 7.19　単純探索法によるモデル

純探索法でのモデルの予測正解率は 46% となり，LK 法でのモデルの 29% に対してかなり高い結果となっている．一方，モデル自体は図 7.19 に示すように，ノードがほとんど繋がらないようなモデルとなっている．因果関係の意味の解釈もできない．このようなモデルは，学習データの範囲では予測精度はよいといえるが，真の意味で汎化性能の良いモデルとはいえない．製品として世に出る場合は，未知のユーザや状況に対応できることが要求される．そのため，今回のように決して多くないデータからモデルを作る場合には，知識データの活用が有効であるといえる．

7.6　ユーザ適応カーナビのユーザモデルのユーザ適応

7.6.1　ユーザ適応の概要

ユーザ適応カーナビはユーザモデルを用いて推論して，コンテンツを推薦する

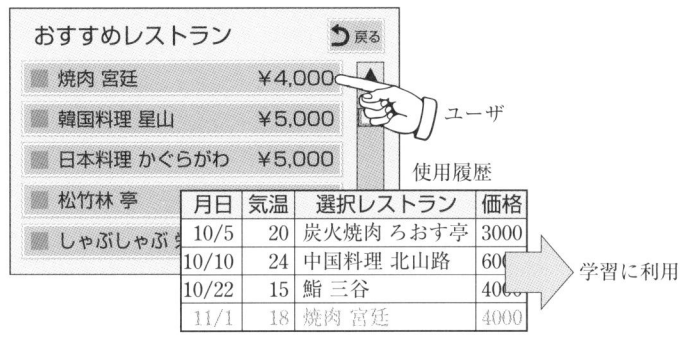

図7.20 ユーザ適応カーナビの使用場面

ことに加えて，さらに推薦の質を高めること，すなわちユーザに適応させることができる．ユーザがシステムを使用した履歴を利用してモデルを学習することで，出荷時に良い精度で推薦ができなかったユーザや，嗜好が変化するユーザにも追従して適応できる．

ここで，50代男性の袴田さんという人物を例にして説明する．袴田さんは，年齢など同じようなプロフィールを持つ人たちと異なる嗜好を持っているとする．具体的には，このような世代の人たちの一般的な食事の好みは和食であることが多い．一方，袴田さんは韓国生活が長く，韓国系料理が好きであるとしよう．その場合，袴田さんに対するユーザ適応システムは，システムの使用開始直後は袴田さんに関する情報がないために，和食を推薦してくる．しかし，その後袴田さんが韓国料理のレストランをシステムから選択する回数が多いことを検出し，次第に焼肉店をおすすめレストランに表示するようになる．

本節では前節に引き続きレストラン推薦への応用を取り上げ，ユーザ適応について述べる．7.4節で定義したユースケースに加え，ユーザ適応のために以下のようなユースケースを追加した．

UC 5 選択の履歴を格納する

システムは，ユーザが選択したレストランのデータを履歴として，ユーザ，状況のデータとともに格納する．

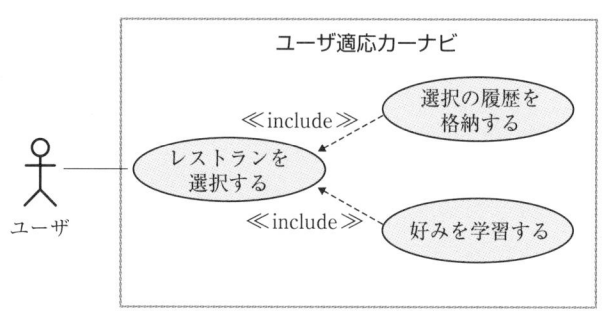

図 7.21　ユーザ適応で追加するユースケース

UC 6 好みを学習する

システムは，選択されたレストランを含む選択の履歴からユーザモデルを学習する．

　ユーザ適応では，少なくとも学習の効果がわかること，すなわちユーザ適応学習により予測精度が向上していくことが実現への条件である．さらに，ある程度の回数使用するまでに，満足のレベルまで上げられることが目標となる．レストランの履歴データは，ユーザ適応学習の目標である3ヶ月で考えると，週2回利用するとして24回取得できる．ユーザ適応では，このような決して多くないサンプルからのユーザ適応学習によって多様なユーザにも適応し，それぞれ高い予測精度を得ることが必要である．さらに，これは特定ユーザでなく，すべてのユーザに対して満足のレベルまで引き上げることが目標になる．

7.6.2　ユーザ適応学習方法

　ユーザ適応学習には，6.6.2で示したように多くの追加学習方法がある．しかし，レストランの推薦では一人からのサンプル数が少ないため，モデル構造を変更するのではなく，CPTへの追加学習により適応させることを考えてみる．よって，モデルの構造は出荷時モデルとなる7.4節で構築したモデル構造となる．

　追加学習に利用する追加データに，7.4.4で取得したアンケートによるサンプルを利用した．アンケートでは，300人のユーザが6通りの状況で各1店以上の

7.7 ユーザ適応学習の評価

ユーザ			状況				レストラン		
ユーザID	年齢	性別	年収	渋滞度	天気	次の予定	食事分類	レストランカテゴリ	高級感
1	30代	男性	500〜700万	平常	雪	なし	平日夕食	中華・韓国・台湾	ちょっと高級
1	30代	男性	500〜700万	平常	雪	なし	平日昼食	和食	ふつう
1	30代	男性	500〜700万	平常	晴または曇	なし	平日夕食	和食	ちょっと高級
1	30代	男性	500〜700万	平常	雨	なし	平日夜食	和食	ちょっと高級
1	30代	男性	500〜700万	渋滞	雨	90分程度先	休日ブランチ	その他洋食	軽食・早い
1	30代	男性	500〜700万	平常	雨	なし	休日ブランチ	その他洋食	
2	20代	男性	300〜400万	平常	雪	なし	平日夕食	和食	ふつう
2	20代	男性	300〜400万	平常	雪	なし	平日昼食	その他洋食	カジュアル
2	20代	男性	300〜400万	平常	晴または曇	なし	平日夕食	中華・韓国・台湾	ちょっと高級
2	20代	男性	300〜400万	平常	雨	なし	平日夜食	伊・仏料理	ちょっと高級
2	20代	男性	300〜400万	渋滞	雨	90分程度先	休日ブランチ	和食	ふつう
2	20代	男性	300〜400万	平常	雨	なし	休日ブランチ	伊・仏料理	カジュアル
3	50代	男性	1200万〜1500万	平常	晴または曇	なし	休日ブランチ	和食	ふつう
3	50代	男性	1200万〜1500万	平常	雨	なし	休日夕食	和食	ふつう
3	50代	男性	1200万〜1500万	平常	雨	90分程度先	休日夜食	和食	ふつう
3	50代	男性	1200万〜1500万	平常	晴または曇	なし	休日夕食	伊・仏料理	ちょっと高級
3	50代	男性	1200万〜1500万	渋滞	雨	なし	休日夕食	和食	ちょっと高級
3	50代	男性	1200万〜1500万	平常	晴または曇	なし	休日夕食	伊・仏料理	カジュアル
4	30代	女性	500〜700万	平常	雨	なし	平日昼食	無国籍等	ふつう
4	30代	女性	500〜700万	平常	晴または曇	なし	休日ブランチ	その他洋食	カジュアル
4	30代	女性	500〜700万	平常	晴または曇	なし	休日夕食	中華・韓国・台湾	ちょっと高級
4	30代	女性	500〜700万	平常	晴または曇	なし	平日夕食	和食	ふつう
4	30代	女性	500〜700万	平常	晴または曇	なし	平日夕食	和食	ちょっと高級
4	30代	女性	500〜700万	平常	晴または曇	なし	休日ブランチ	その他洋食	カジュアル

図 7.22 データの分類

レストランを選んでおり，ユーザ一人あたり最低 6 件，最大 12 件のサンプルが得られている．図 7.22 に追加データ，評価データを示す．

CPT 追加学習として，7.4 節で構築したモデルを事前分布として，追加データを用いてベイズ学習させた．

7.7 ユーザ適応学習の評価

7.7.1 評価の概要

第 6 章で示した追加学習方法を用いた，ユーザ適応カーナビのユーザ適応学習の実現性を評価する．以下に評価の概要を示す．

(1) ユーザ適応の実現性の評価

ユーザがシステムを利用した結果を追加学習することで予測精度が向上するかどうかを確認して，ユーザ適応の実現性を評価する．

(2) ユーザ層に対する予測精度の分析

ユーザ層の違いにより，ユーザ適応学習による結果がどういった特徴を持つの

かを分析する．

7.7.2　ユーザ適応の実現性の評価方法とのその規準

この評価では，ユーザのシステム使用結果を追加学習することで予測精度が向上するかどうかを確認して，ユーザ適応の実現性を評価する．

評価規準は，7.5節で示した予測正解率で行う．評価方法はCV法で実施する．

また，評価結果を利用して，ユーザ適応の目標の規準である24回の利用での予測正解率を推定し，CPT追加学習による達成度を評価する．

なお，6.6.3で示したパラメータである追加データにかける倍数については，予測正解率との関係を評価して決定する．倍数は，学習データ全体（3,776レコード）である母集団に対する追加データの比率，母集団比を単位とした．母集団比を0.01～10で変化させ，適切な倍率を求める．

7.7.3　ユーザ適応学習により予測精度向上

図7.23に，加算型の出荷時モデルに追加学習したユーザ適応モデルについて，予測精度を測定した結果を示す．300人のユーザの予測正解率の平均を，学習デ

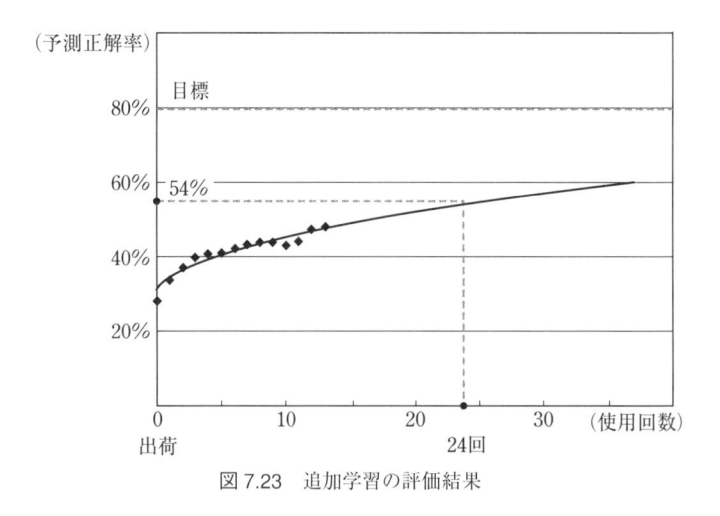

図7.23　追加学習の評価結果

7.7 ユーザ適応学習の評価

(予測正解率)

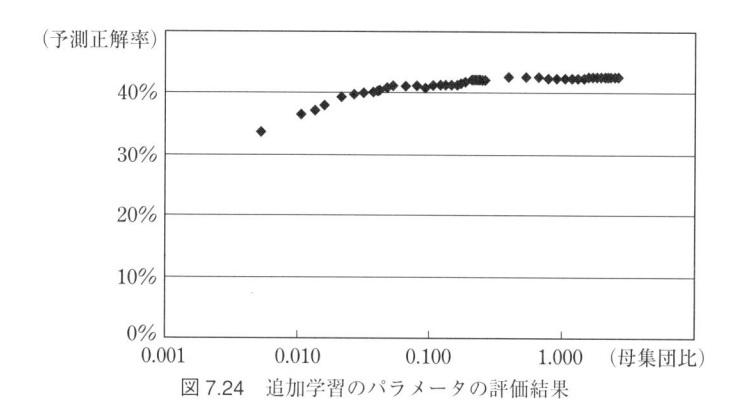

図 7.24 追加学習のパラメータの評価結果

ータのサンプル数に対して示す．図 7.25 のように，追加学習をしていない場合の予測正解率 29% から，サンプル数の増加につれて予測正解率の単調な上昇がみられ，小サンプルでも追加学習が有効なことがわかる．このように，ユーザの個人差を学習することの有効性がわかり，ユーザ適応カーナビの実現にユーザ適応学習は不可欠であると言える．

さらに，2次の多項式回帰での外挿を実施した．24 回では 54% となり，追加学習の有効性は確認できるが目標の 80% には達していない．目標の達成にはCPTの学習だけでなく，さらに CPT を少数サンプルで推定する方法の導入や，モデルの構造学習を行うなどの最適化が必要なことがわかる．

ここで，追加データにかける倍数は，図 7.23 の評価では母集団比を 1 としている．母集団比に対して予測正解率を評価した結果を図 7.24 に示す．ユーザ 300人について，各 5 サンプルで追加学習したときの予測正解率の平均である．

結果として，母集団比は 0.4 以上 2.5 以下で高い予測正解率を示した．この結果から，図 7.23 の評価では母集団比を 1 とした．

7.7.4 ユーザ層に対する予測精度の分析

さて，これまでの結果から，追加学習が予測精度の向上に効果があることがわかった．この結果は，全ユーザの平均としての結果である．それでは，個別にど

れほどのユーザに効果があるのか，どのようなユーザに効果があるのかについて分析してみる．

ここではユーザ300人について，出荷時モデルで予測した場合と，各5サンプルで追加学習した（追加データにかける倍数の母集団比は1とした）ユーザ適応モデルで予測した場合の予測正解率を比較する．

まず，どれほどのユーザに効果があるのかを調べるため，追加学習による予測正解率の変化を分析する．図7.25に，各ユーザの予測正解率の変化量に対するユーザ数を示す．変化がなかったユーザ（0%）を境に，右側が追加学習によって予測正解率が向上したユーザ，左側が低下したユーザを示す．割合としては，向上したユーザが50%，変化がなかったユーザが24%，低下したユーザが26%である．向上したユーザ数が多く，低下したユーザが少ないことから，追加学習の効果が確認できる．たった5サンプルからでも，変化がないユーザも含めて74%ものユーザに対して追加学習が適用できるといえる．

さらに詳しく分析するために，出荷時モデルでの予測正解率ごとにユーザ適応モデルでの予測正解率を図7.26に示す．出荷時モデルでの成績がよかったユーザ群（67%以上）は，追加学習を行うとさらによくなる傾向が見て取れる．こ

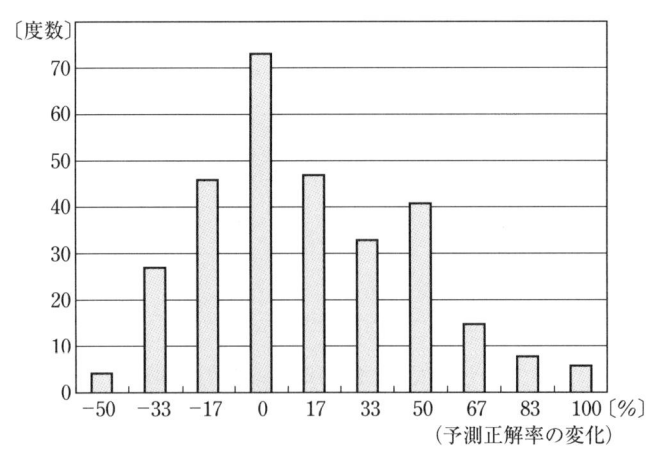

図7.25 追加学習により予測正解率が向上したユーザ，低下したユーザ

7.7 ユーザ適応学習の評価

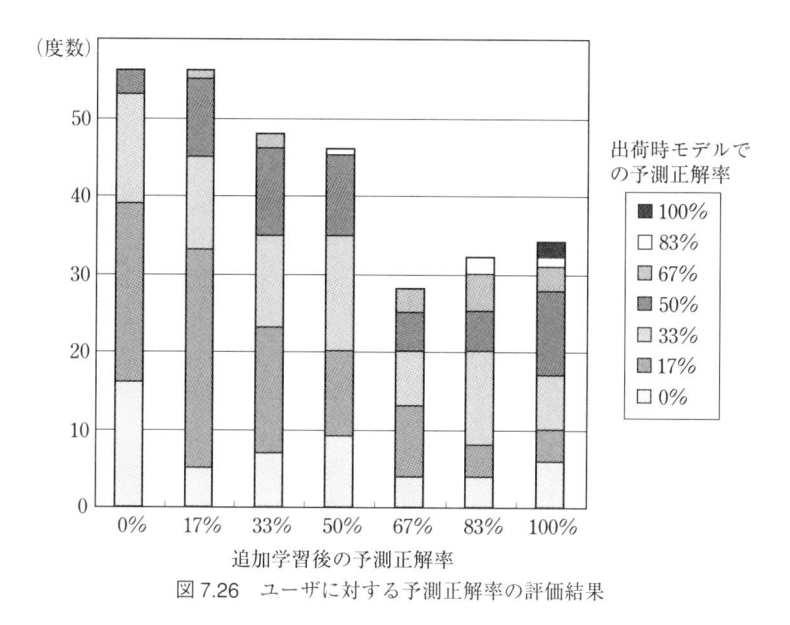

図 7.26 ユーザに対する予測正解率の評価結果

れらのユーザは，同じ属性を持つユーザの標準的なモデルである出荷時モデルに対し，嗜好が近いユーザであると考えられる．そのため，その差分も小さく，今回のような少数のサンプルでも嗜好に合うようにモデルを修正できると考えてよい．一方，出荷時モデルでの予測正解率が低かったユーザ群（33%以下）でも，たった5回の追加学習で100%になるようなユーザも存在する．このようなユーザは標準的なモデルと異なるユーザではあるが，そのユーザ自体は状況に対するコンテンツの嗜好が明確であることが考えられる．

次に，追加学習によってどのようなユーザが予測精度向上でき，どのようなユーザが向上できないかについて分析，考察してみる．図7.27に，年齢層別に平均の予測正解率を示す．図のように，20代および30代では出荷時モデルでの予測正解率は低いが，追加学習により大きく向上させることができる．つまり，追加学習の有効性が顕著である．一方，60代以上の層では逆の結果を示している．これらの結果から，20代および30代は同年代内の標準的なモデルから外れる人が多いが，個々人は状況に対する依存性が低いことが予想される．一方，60代

(予測正解率)

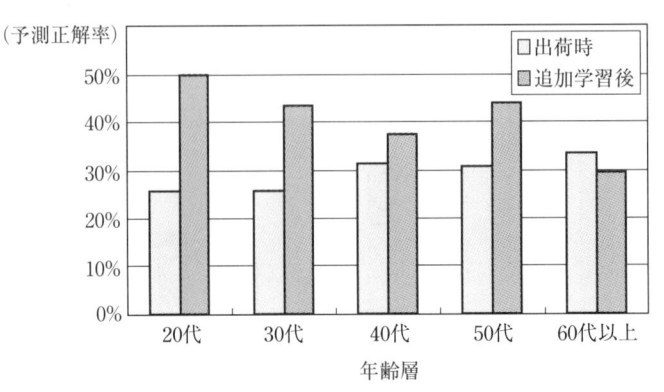

図 7.27 ユーザの年齢層と予測正解率の考察結果

　以上は全般に標準的なモデルには近いが，レストランを選択する規準となる状況が多様であることがわかる．そのため，今回のような少数サンプルでは状況の多様性を表現できず，結果として追加学習により予測正解率が下がるという結果になったと考えられる．以上はサンプルが多くないため仮説の域を出ないが，仮説が正しいとすると，比較的若い年齢層は個性的な嗜好を持っているが，状況に対する考慮が少ないというユーザ像が見えてくる．逆に年齢層が高いと，世代内で同じような嗜好をもつ人が多くなるが，状況をわきまえて行動するというユーザ像が見えてくる．

　このように年齢層により特徴が分かれるため，年齢層別にモデルを構築することが有効であると考えられる．それぞれのモデルでは，以下のような対処方法が考えられる．

・年齢層が低いユーザ用のモデルでは，ユーザ属性を増やす．
・年齢層が高いユーザ用のモデルでは，状況属性を増やし，学習サンプルを多くする．

7.8　ユーザ適応カーナビの実現とその発展へ向けて

　本章ではベイジアンネットワークを用いて，ユーザに適応したコンテンツを推

薦するシステムであるユーザ適応カーナビを実現した結果を示した．

　レストラン推薦で評価した結果，出荷時モデルにおいて，少ない操作でも現行ナビを上回る予測性能を得るという良好な結果を得られた．さらに，ユーザ適応学習により，使えば使うほどユーザに適応するシステムが実現できることを実証した．

　また，知識データと学習データを同時にモデルに反映し，学習データの不足を補完するモデル構築方法であるLK法について，構築したモデルの汎化性能と，知識データを用いない単純探索法でのモデルに対する比較によって，評価した．その結果，知識データを利用することで，小サンプルからでもある程度の予測精度を出せることを示した．

　また，ユーザの層別分析を行うことで，層に合わせてモデルや追加学習の方法を変えることで精度を上げられる可能性を確認した．

　本章では，基本的なアルゴリズム，モデルの構造について評価を行った．さらなる予測精度向上のためには，まずは多くのサンプルを得ることであるが，第6章でとりあげたような評価構造を考慮したモデルや，決定方略の違いを考慮したモデルに発展させることも考えられる．定性的には，ユーザが実際にコンテンツを評価する方法に対してより近いモデルが構築できることにより，より高い予測精度が得られる．

　さて，ここでユーザ適応カーナビの発展について考えてみる．まず，発展には多くの種類のコンテンツに対応することが第一に必要である．音楽，イベント，立ち寄り地点などの多様なコンテンツを推薦できるようになることは，単に商品性を上げることにつながるだけでなく，これまでユーザが車内で多くの操作をして能動的に取得する必要があった静的なコンテンツを，コンテンツ自身がユーザに提案していくようなアクティブなコンテンツに変化させることができる．ユーザは膨大なコンテンツの中から，自分の好みや状況に適したコンテンツを自動的に享受できるようになる．また，コンテンツプロバイダは単にコンテンツに必要な属性を設定するだけで，コンテンツを必要とするユーザに必要なときに推薦できるようになり，高いマーケティング効果が期待できる．このようなユーザ適応

カーナビは，ユーザのことをよく知る存在となり，ユーザにとって単なる道案内のシステムというよりも，運転のパートナーとなっていくであろう．

さらに，ユーザ適応カーナビがPCや携帯電話，さらには日常空間にある様々な機器に存在する他のユーザ適応システムと連携することにより，運転中だけでなく生活のすべての場面で，シームレスに同様なシステムを利用できるようになるであろう．近い将来，ユーザのことを考え，ユーザに適した環境をいつでもどこでも自動的に作り上げていくような，人に優しい社会システムへの発展が期待できる．

参考文献

[7.1] ぐるなび（http://www.gnavi.co.jp/）2006
[7.2] （株）シードプランニング「2002年版市販カーナビ・ユーザー動向調査」シードプランニング，2002
[7.3] 杉本徹雄編『消費者理解のための心理学』福村出版，1997
[7.4] 本村陽一「ベイジアンネットにおける確率推論アルゴリズムと実験評価」信学技報，Vol. 103, No. 734, pp. 157–162, 2004

あとがき

　ベイジアンネットワークを使った情報処理によって，これまでコンピュータでは扱いにくかった対象をモデル化し，予測や推論を効率良く実行できるようになってきた．この強力なツールをインターネットや携帯電話サービス，カーナビゲーションシステム，センサネットワークなどの社会インフラの中で活用し，日常生活の中で生成された統計データから意味のある関係性や因果的な知識をモデル化することで，我々人間が暗黙的に扱っている知識をコンピュータに吸い上げ，再利用することができるだろう．

　印刷技術の発明が時代や地域を越えて知識を再利用できるものにしたように，インターネットによって情報が国家を超えて人の間で流通するようになった．ここで伝わる「情報」は，最終的には人が解釈するための「データ」であったが，さらにコンピュータが予測や制御のために再利用できる「モデル」として流通できる将来はどんなものになるだろうか．そして，いまやコンピュータが生成するデータ量は膨大であるので，その結果モデル化される知識もとてつもない速さで更新される．

　ある領域でおこりつつある流行やユーザのニーズというものは，スピードが勝負である．こうした対象を「知識」としてまとめても，それを人が読むだけでは利用できる範囲に限りがある．データマイニングの結果を可視化する場合も同様である．だが，「知識」をコンピュータが読み込み，それを使って高速にシミュレーションやシステムの制御を行うことができれば，その波及効果はただちに新たな社会現象を生むほどの大きな影響力を持つものになるかもしれない．つまり，

知識が情報技術により加速され，ものすごい勢いで循環する社会の到来である．こうした情報技術を目に見えるシステムにするための統計的学習と確率推論を実行するツールとして，ベイジアンネットワークを様々な場面で応用できれば，またそのために本書がその一助となれば幸いである．

索引

【ア行】

意志決定　86, 89
因子分析　14
インターネットユーザのモデル化　34
運転行動のモデル化　73
運転支援システム　73
映画推薦システム　37
エージェント　93

【カ行】

回帰モデル　14
学習データ　100, 135
確率推論　9
確率推論アルゴリズム　9
確率的ヒューマンモデル　71
確率伝搬法　18
隠れマルコフモデル　16
加算型　142
カーナビ　121
完全データ　24
機械学習　4
協調フィルタリング　2, 34, 93
共分散構造分析　14, 94
組込みシステムロボット　40
クライアント　98
クラスタリング　20
グラフ構造の学習　24
クロス集計表　100
クロス集計表の空白率　137
経験誤差評価法　144

計算論的なモデル　63
携帯電話ユーザのモデル化　37
決定木　14
決定方略　90, 137, 142
現行ナビ　131
現行ナビ方式　142
交差確認法　144
個客　82
顧客のモデル化　41
顧客分析　139
故障診断　28
個人の認知構造　42
子供の事故予防への応用　75
混合型　143
コンストラクト　87
コンディショニング　21
コンテンツ推定　91, 126
コンテンツ変数　87
コンテントベースフィルタリング　93

【サ行】

最尤推定　24
サーバ　94, 98
サンプリング法　21, 22
嗜好　125
事後確率　17
事後確率最大の値　17
システムモデル　85
質的データ　92
自動車の乗降動作のモデル　71

ジャンクションツリーアルゴリズム　21
従属変数　14
十分満足度　111
手段目的連鎖モデル　88
出荷時モデル　111, 129
準位誤差　141
状況依存性のモデル化　76
状況に関する変数　134
状況変数　87
条件付確率の学習　24
条件付確率表　14
消費者の企業イメージに
　　対する印象のモデル　47
消費者の選択行動　44
情報量基準　100, 137
スコア　134
説明変数　13
全体モデル　104
選択肢型　90
相互作用　83, 110
相補型　90
属性型　90

【タ行】

対現行ナビ向上率　142
態度　89
態度・行動反応モデル　89
ダイナミックベイジアンネットワーク　16
代表ノード　104, 137
多属性態度モデル　89, 134
多峰性　92
単結合　20
単純探索法　146
知識データ　103, 135
知識データとの整合性　137
追加学習　111, 150
追加データ　111
通販の利用頻度を予測するモデル　49

データ駆動型情報処理　3
データベースマーケティング　42
データマイニング　42
テレマティクス　122
統計的学習　9
独立変数　14
ドメイン　97
トラブルシューティング　28

【ナ行】

ナイーブベイズ　16
日常環境における状況依存性　63
日常の様々な生活行動　78
ニューラルネットワーク　14, 94
人間行動のモデル化　62
人間中心の情報処理　1
人間の生活行動　78
人間の認知構造の確率的モデル化　67
認知・評価構造　42
認知・評価構造の定量化モデル　68
認知構造　68
認知発達ロボティクス　64

【ハ行】

パソコンユーザのモデル化　33
パーソナルコンストラクト理論　68
パーソナルコンピュータ市場における
　　消費者行動のモデル　48
反順序関係　97
非相補型　90
評価グリッド法　42, 68
評価構造　86
不完全データ　24, 92
複結合　20
複写機用障害診断ツール　30
部分モデル　104
ベイジアンクラシファイア　16
ベイジアンネットワーク　9, 129

索 引

ベイジアンネットワークの確率推論 17
ベイジアンネットワークの統計的学習 24
ベイジアンネットワークのモデル 10
ベイズの定理 18
母集団比 114, 152

【マ行】

マーケティング 140
マス・マーケティング 82
目的変数 14

【ヤ行】

ユーザ嗜好モデル 121
ユーザ適応 148, 150
ユーザ適応学習 92, 111, 126
ユーザ適応カーナビ 121, 126
ユーザ適応システム 83
ユーザ適応モデル 111, 129
ユーザに関する変数 133
ユーザ変数 86
ユーザモデリング 28
ユーザモデル 31, 84
ユースケース 101, 132
ユビキタス情報社会 82
予測正解率 142

【ラ行・ワ行】

ラダリング法 42
ランダムサンプリング 23
離散値 92
ルミエールプロジェクト 34
レストランに関する変数 134
レパートリーグリッド法 42
ワン・ツー・ワン・マーケティング 82

【英数字】

AIC 26
Bayes Net Toolbox 55
Bayes Ware Discover 57
Bayo Net 50
Baysian classifier 16
Belief Network Power Constructor 56
belief propagation 18
BIC 26
CPT 13, 97
CPT 追加学習 113
CRM 82
CV 法 144
Dirichlet 事前分布 25
dynamic Bayesian net 16
EM アルゴリズム 25
EV 法 144
Hidden Markov Model 16
Hugin 21, 54
junction tree 21
K-2 アルゴリズム 25, 100
Leave-one-out 法 144
LK 法 100, 132
Loopy belief propagation アルゴリズム 22
LoopyBP 145
LoopyBP アルゴリズム 21
Lumiere Project 34
Machine learning 5
MAP 値 17
Markov Chain Monte Carlo 法 23
MCMC 23
MDL 26
MSBNx 55
multiply connected 20
naive bayes 16
Personal construct theory 42, 68
Probabilistic Network Library 56
SACSO プロジェクト 30
singly connected 20
systematic sampling 23
UML 101

〈著者略歴〉

本村陽一（もとむら よういち）

- 学　歴　電気通信大学電気通信学部通信工学科卒業（1991）
　　　　　電気通信大学電気通信学研究科電子情報学専攻修士課程修了（1993）
- 職　歴　通産省工業技術院電子技術総合研究所（1993—2001）
　　　　　独立行政法人産業技術総合研究所主任研究員（2001—）

岩崎弘利（いわさき ひろとし）

- 学　歴　名古屋大学工学部電気学科卒業（1988）
　　　　　名古屋大学大学院工学研究科博士課程前期課程電気・電子工学専攻修了（1990）
- 職　歴　日本電装株式会社（現在の株式会社デンソー）（1990）
　　　　　株式会社デンソーアイティーラボラトリ 出向（2000—）

ベイジアンネットワーク技術
ユーザ・顧客のモデル化と不確実性推論

2006年7月30日　第1版1刷発行	著　者　本村　陽一
2007年12月20日　第1版3刷発行	岩崎　弘利

発行所　学校法人　東京電機大学
　　　　東京電機大学出版局
　　　　代表者　加藤康太郎
　　　　〒101-8457
　　　　東京都千代田区神田錦町2-2
　　　　振替口座　00160-5-71715
　　　　電話　(03) 5280-3433 (営業)
　　　　　　　(03) 5280-3422 (編集)

印刷　新日本印刷 (株)
製本　渡辺製本 (株)
装丁　福田和雄 (FUKUDA DESIGN)

Ⓒ Motomura Youichi,
　Iwasaki Hirotoshi　2006
Printed in Japan

＊無断で転記することを禁じます。
＊落丁・乱丁本はお取替えいたします。

ISBN 978-4-501-54160-6　C3004